福州市规划设计研究院集团有限公司学术系列丛书

向海而生 幸福之城

——福州滨海新城规划实践

陈亮 魏樊 邹倩 著

中国建筑工业出版社

审图号：榕图审〔2024〕8号

图书在版编目（CIP）数据

向海而生　幸福之城：福州滨海新城规划实践 / 陈亮，魏樊，邹倩著. —北京：中国建筑工业出版社，2024.5

（福州市规划设计研究院集团有限公司学术系列丛书）

ISBN 978-7-112-29772-6

Ⅰ.①向… Ⅱ.①陈… ②魏… ③邹… Ⅲ.①城市规划—研究—福州 Ⅳ.①TU982.257.1

中国国家版本馆CIP数据核字（2024）第079055号

　　福州滨海新城是福州市未来战略拓展的重要空间。自2017年启动开发建设以来，为更好地指导建设，先行编制了大量的规划，由福州市规划设计研究院集团有限公司全程参与、介入、统筹和拿总，直至后续项目落地。其间在新城开发的规划编制方面进行了大量实践，在规划整合、协同设计等方面积累了丰富的经验。针对福州滨海新城的规划设计实践，本书全面系统地总结了转型时期新城开发建设在规划编制、协同整合、开发管控等方面的实践探索及经验。本书可以作为城市规划、管理等专业参考书，也可以作为政府、建设者和开发企业的实践指南，抑或是了解福州滨海新城开发建设历程的一本读物。

责任编辑：唐　旭　吴　绫
文字编辑：吴人杰
书籍设计：锋尚设计
责任校对：王　烨

福州市规划设计研究院集团有限公司学术系列丛书
向海而生　幸福之城——福州滨海新城规划实践
陈亮　魏樊　邹倩　著

*

中国建筑工业出版社出版、发行（北京海淀三里河路9号）

各地新华书店、建筑书店经销

北京锋尚制版有限公司制版

临西县阅读时光印刷有限公司印刷

*

开本：889毫米×1194毫米　1/20　印张：12⅖　字数：326千字

2024年7月第一版　　2024年7月第一次印刷

定价：**178.00**元

ISBN 978-7-112-29772-6

（42160）

福之青山，园入城；

福之碧水，流万家；

福之坊厝，承古韵；

福之路桥，通江海；

福之慢道，亲老幼；

福之新城，谋发展。

从快速城市化的规模扩张转变到以人民为中心、贴近生活的高质量建设、高品质生活、高颜值景观、高效率运转的新时代城市建设，是福州市十多年来持续不懈的工作。一手抓新城建设疏解老城，拓展城市与产业发展新空间；一手抓老城存量提升和城市更新高质量发展，福州正走出福城新路。

作为福州市委、市政府的城建决策智囊团和技术支撑，福州市规划设计研究院集团有限公司以福州城建为己任，贴身服务，多专业协同共进，以勘测为基础，以规划为引领，建筑、市政、园林、环境工程、文物保护多专业协同并举，全面参与完成了福州新区滨海新城规划建设、城区环境综合整治、生态公园、福道系统、水环境综合治理、完整社区和背街小巷景观提升、治堵工程等一系列重大攻坚项目的规划设计工作，胜利完成了海绵城市、城市双修、黑臭水体治理、城市体检、历史建筑保护、闽江流域生态保护修复、滨海生态体系建设等一系列国家级试点工作，得到有关部委和专家的肯定。

"七溜八溜不离福州"，在福州可溜园，可溜河湖，可溜坊巷，可溜古厝，可溜步道，可溜海滨，这才可不离福州，才是以民为心；加之中国宜居城市、中国森林城市、中国历史文化名城、中国十大美好城市、中国活力之城、国家级福州新区等一系列城市荣誉和称谓，再次彰显出有福之州、幸福之城的特质，这或许就是福州打造现代化国际城市的根本。

福州市规划设计研究院集团有限公司甄选总结了近年来在福州城市高质量发展方面的若干重大规划设计实践及研究成果，而得有成若干拙著：

凝聚而成福州名城古厝保护实践的《古厝重生》、福州古建筑修缮技法的《古厝修缮》和闽都古建遗徽的《如翚斯飞》来展示福之坊厝；

凝聚而成福州传统园林造园艺术及保护的《闽都园林》和晋安公园规划设计实践的《城园同构　蓝绿交织》来展示福之园林；

凝聚而成福州市水系综合治理探索实践的《海纳百川　水润闽都》来展示福之碧水；

凝聚而成福州城市立交发展与实践的《榕城立交》来展示福之路桥；

凝聚而成福州山水历史文化名城慢行生活的《山水慢行　有福之道》来展示福之慢道；

凝聚而成福州滨海新城全生命周期规划设计实践的《向海而生　幸福之城》来展示福之新城。

幸以此系列丛书致敬福州城市发展的新时代！本丛书得以出版，衷心感谢福州市委、市政府、福州新区管委会和相关部门的大力支持，感谢业主单位、合作单位的共同努力，感谢广大专家、市民、各界朋友的关心信任，更感谢全体员工的辛勤付出。希望本系列丛书能起到抛砖引玉的作用，得到城市规划、建设、研究和管理者的关注与反馈，也希望我们的工作能使这座城市更美丽，生活更美好！

福州市规划设计研究院集团有限公司

党委书记、董事长

高学珑

2023年3月

SOM

For Fuzhou Waterfront Newtown
Exhibition 2021

娄艾苓女士
美国建筑师协会院士；美国注册规划
师协会会员；
能源与环境设计先锋认证专家-绿色
建筑设计和施工

Ellen Lou, FAIA, AICP, LEED-AP
BD+C

Ellen Lou directs SOM's Urban Design and Planning Practice in San Francisco. In a time when cities represent the greatest hope for a sustainable future, she is leading the creation of groundbreaking development strategies for resilient and ecological metropolitan centers. Working across North America and Asia, Lou is recognized for coalescing diverse interests around actionable visions that prioritize people-scaled, transportation-rich development; create public benefit; rejuvenate the natural environment; root future growth in the culture and aspirations of place and healthy cities.

Her award-winning work has advanced historic preservation, through catalyzing redevelopment strategies that fuse old and new urban fabrics; shaped the most significant period growth of the San Francisco's high-rise core in half a century; forged a new vision for the modern academic campus, and enabled nascent development industries to realize environmentally responsive growth that offers lessons for developing cities in on the Pacific Ring and China.

A sought-after speaker and advisor nationally and internationally, she consults regularly with planning officials, has lectured before more than 200 mayors and government leaders, and has served as a visiting instructor at Massachusetts Institute of Technology, Stanford University, Harvard University and University of California, Berkeley, among others. As a board member of SPUR (San Francisco Planning and Urban Research) , global ITDP (Institute for Transportation and Development Policy) and through other advisory roles promoting policy solutions that make cities around the world more livable, equitable, and sustainable.

For Planning Exhibition Center
Ellen Lou
2021.1.17
Leaning against the coastal mountains, facing the East Sea, the ancestors reserved this precious piece of relatively young land for us to meet the city and region's future needs. The Fuzhou Waterfront New City represents a unique opportunity to transform the agricultural landscape crisscross with waterways, lakes, wetlands, villages and hill towns with rich local culture to create an exciting regional destination that will become a healthy, ecologically sensitive, climate responsive and prosperous modern new city.

The development of the new city is guided by strong principles:

Capitalize on Transit Connectivity to Advocate Green Transportation

Capitalizing on its proximity to the international airport and the regional transit and transportation framework, creating a strong network for district-wide connections as well as opportunities for focused development intensity. The CBD has great potential to become a very desirable place for international business. A future high-speed railway East station will bring a tremendous opportunity to establish the Waterfront New City in the nationwide network of cities.

Create Opportunities for Memorable Waterfront Experiences

Situated along the Coast of the East Sea, with East Lake at the center, and with thousands of waterways running through the site, the project's overall site is at the waterfront in many ways. The Core Area Urban Design provides a framework to integrate natural and man-made systems to create a Low Impact Development (LID). Beyond just being functional, all the waterfront spaces would be aesthetically pleasing and comfortable places for residents and visitors to enjoy various types of activities.

Promote Mixed Use to Create Synergy for the Region

While the central business district is the focal point of Waterfront New City, one of the design principles is to combine various types of land uses and building types. It is essential to create a healthy mix of residents, businesses and workers to keep the city alive and active 24/7. Hotels and resort clusters are planned as unique destinations for visitors to Waterfront New City and tourism would become another strong driver of the economy here.

Create Healthy Neighborhoods with High Quality Open Spaces

With increasing interest in health and wellbeing, research shows that quality open spaces effectively contribute to urban dwellers' overall health. Waterfront New City provides a wide variety of open spaces that accommodates both active and passive recreation. Bike routes and trails throughout the project site offers access to parks, transit-oriented nodes, resort clusters, and residential neighborhoods. Human-scaled sidewalk and neighborhood parks with shade encourage people to walk more for commuting and leisure.

Embrace the Natural Environment to Enhance Living Quality.

With its temperate climate and unique landscape, Fuzhou has always been a place to enjoy the outdoors. With respect to this tradition, culture, and lifestyle, Waterfront New City's framework uses ecology to shape its form, not vice versa. The value of development is maximized by creating various places and opportunities where urban environment meets nature.

Fuzhou Waterfront New City is where a world-class CBD meets nature in the most memorable way.

刘太格
建筑师、规划师

1969~1989年，就任于新加坡建屋发展局，担任10年的总建筑师和局长；
1989~1992年担任新加坡市区重建局局长及总规划师；
1992~2017年就任新加坡雅思柏设计事务所资深董事；
2017年12月1日成立了新加坡墨睿设计事务所，为首任董事长；新加坡宜居城市中心咨询委员会首任主席，被誉为"新加坡规划之父"。
刘太格博士主导了新加坡1991年概念性规划方案，规划与设计了23个人口各约20万的卫星镇，建设近50万户住宅及相关配套。在新加坡以外的大约50个世界各地城市完成建筑设计和城市规划项目。

　　福州是我母系家族的故乡，我的外公是清代的举人，老家和林则徐故居仅一墙之隔。我们跟萨镇冰也有亲戚关系。我小时候在新加坡上小学，也就是福州会馆办的三山小学。能为福州作出一些贡献，是我今生巨大的荣幸。

　　福州和我还有一个缘分，即我在中国做的第一个规划方案，就是通过谷牧委员的推动，邀请新加坡政府做福州市的规划方案。新加坡政府当时就委派我在1983年担当这个难得的任务。项目进展时，除了把城市的系统梳理合理之外，也提出了一些能体现福州特色的建议。其中就包括我当时经过多次的劝谏，终于说服政府同意保扶三坊七巷的古建筑。另一个是设置畅游三山的车行道，在此之前还只能步行上山。还有就是将离主城区略远的马尾地区也纳入规划方案内。在工作过程中，结交了许多好友，好些人直到今天还保持联系。其中一位就是当时担任市长的洪永世先生，一直到今天还经常见面。还有令我觉得十分荣幸的就是我在做福州规划最后一次汇报时，习近平正好上任为市委书记，他对我的方案相当认可，有鉴于此，他后来也请我主持长乐机场的建筑设计，这一系列的缘分成为我职业生涯可遇不可求的机遇。

2016年，我荣幸地又被倪岳峰书记邀请承接福州规划任务。在规划之初，首先我建议先保留山水和古迹，这些是城市与生俱来的特色，不容侵犯。其次，我也充分尊重现状不可调的道路和用地，在此基础上才开始做方案。

方案的第一步则是先对人口进行测算，由于中国这几十年来经济发展顺畅，农业人口进城的数量和速度不断加快。我预测，福州的人口将由2015年的750万人增加到2070年的1313万人。根据我多年的规划经验，一般两三百万的人口规模就是一个独立城市，相当于一个家庭，而非单个人体。像福州这样超大规模的城市，适宜先分为若干城市，类似一个大的家族。每个城市内再依次划分片区、新镇、小区和组团。这样一套系统我称之为"星座城市"。顺应这个理念，福州市被分为两个城市、两个片区、三个新镇。城市分别是中心城区、福清市区。片区是连江县城、平潭县城。新镇包括罗源县城、闽清县城及永泰县城。

人口敲定后再结合可用地情况，给出适合的密度。而山水、古迹与密度一起，构成了城市最主要的三大特色。人口、密度和土地范围这些都明确后，才开始做用地和交通布局的内容。这样一方面保证了城市特色和记忆得以留存，同时也确保了城市未来发展所需的足够空间、合理功能、优美形象。这些内容背后都是依照我的规划三大原则进行处理的：

以人文学者的心为人民规划生活宜居、土地功能完善的城市；

以科学家的脑设计一件完美的生活机器；

以艺术家的眼，和土地谈恋爱。

总而言之，福州的方案，虽然表面上只是一张彩色图，但她背后含有许多严谨的规划学问与技术。我希望这个方案，能够顺利执行下去。

刘太格于新加坡

王成
博士、研究员
中国林业科学研究院林业研究所首席专家，博士生导师；
国家林业和草原局城市森林研究中心常务副主任；
《中国城市林业》主编、中国林学会城市森林分会理事长；
城市森林国家创新联盟理事长，国家森林城市专家；
《福州市滨海新城森林城市建设总体规划（2017—2030）》规划负责人。

王成研究员是我国城市林业领域权威专家，长期从事城市林业、景观生态的教学科研及城市森林景观规划方面的实践工作。他率领的科研团队在城市林业发展理论、城市森林保健功能、城市森林生态服务、城市森林文化等领域在国内居于领先地位，在森林城市规划方面处于国际领先水平。主持完成了广州、武汉、西安等50多个城市的森林城市建设规划。主持编制了《全国森林城市发展规划2018—2025》《北京森林城市发展规划2018—2035》和《雄安森林城市建设专项规划》等重大规划。发表学术论文200余篇，先后荣获国家科技进步二等奖、梁希林业科学技术奖一等奖等7项国家和省部级奖励，荣获中央国家机关优秀青年、全国生态建设突出贡献先进个人等称号。目前正在主持"京津冀森林城市群建设规划""中欧城市可持续发展的城市森林应对方案研究、分享与管理（CLEARING HOUSE）"。

建设森林城市是久久为功的事业，随着沿海防护林景观带逐步成型，东湖湿地公园落成，新城面貌日新月异。要保持持续推进新城生态建设的战略定力，严格落实森林城市规划，培育千年生态景观，为新城的未来留下美丽的生态遗产。

王成

创新——滨海新城是数字经济融合发展的创新高地，通过有序推动数字城市建设，提高智能管理能力。强化创业环境培育，集聚创新要素，吸引创新人才，发展创新产业。

协调——滨海新城是闽东北区域协同发展的战略支点。推进新城建设和人口集聚，增强福州大都市圈的经济发展优势，统筹区域的经济、生活、生态、安全需要。

绿色——滨海新城是落实生态文明建设理念的先行区。规划"碧水青山绿满城"的城市格局，推进绿色生产生活方式，构建人与自然和谐共生的生命共同体。

开放——滨海新城是福州都市圈的门户。推进空港、海港、陆港、信息港联动发展，融入"一带一路"建设，创建多元文化汇聚、多元文明共生的现代化国际城市。

共享——滨海新城是宜居宜业之城。健全以人民为中心的高水平公共服务体系，建立高质量的城市安全系统，打造韧性平安城市，建设共建共治共享的美好家园。

滨海新城是国家级福州新区的核心区，是福州城市实施"东进南下，沿江向海"发展战略、实现跨越发展的主要承载空间。福州市委、市政府传承"一张蓝图绘到底"的精神，在获批国家级福州新区后，于2016年年底，谋划推进滨海新城建设，时任福州市委书记倪岳峰专程邀请新加坡规划专家刘太格先生编制《福州中心城区空间战略规划》，深刻领会"东进南下"战略构想，统一发展思路。其后指挥部还邀请美国SOM公司娄艾苓院士编制《福州滨海新城核心区总体城市设计》，整体构建海滨城市总体建设风貌；邀请国家林业和草原局城市森林研究中心王成教授编制《福州滨海新城森林城市建设总体规划（2017—2030年）》，在全域层面打造新城生态本底。并在此基础上，邀请中国城市规划院原院长李晓江指导对标雄安新区规划建设发展思路，逐步构建形成为新城建设量身定制的"1+N+1"的多规融合规划体系。我集团作为福州市规划建设的城建技术团队，发挥多专业优势和贴身服务工作特点，全程参与了滨海新城各项规划编制和大量勘察设计。

滨海新城规划设计工作是在滨海新城建设指挥部全面指导下，分主次、分轻重、分批次，在2017~2019年逐步完成的，指挥部林飞指挥长、罗蜀榕常务副指挥长等领导全程指导，亲自把关，组建了规划编制工作营，分别邀请了RSP（新加坡刘太格博士团队）、美国SOM设计团队、中国城市规划设计研究院、深圳市城市规划设计研究院、国家森林城市研究中心、清华同衡规划院、河海大学设计院、铁四院等一流设计单位与我集团多专业的精兵强将一起，全方位同步开展工作。

2017年以来，时任福州市委王宁书记、市政府尤猛军市长，现任福州市委林宝金书记、市政府吴贤德市长、时任市委林建副书记等主要领导，多次专程到滨海新城调研指导推进各项重点项目和建设工作，使得新城各项建设初具规模，富有成效。

在这一过程中，我们还有幸得到了住建部原总规划师唐凯、中规院原院长和雄安新区规划负责人李晓江、北京建筑院总建筑师胡越大师、福建省住建厅原总规划师王建萍、东南大学建筑学院成玉宁主任、国家发改委城市中心综合交通院张国华院长、福建省建筑设计研究院集团有限公司总建筑师梁章璇大师等众多专家的悉心指导，极大提升了新区规划建设水平。

而今，为进一步提升福州新区建设发展，福建省委、福州市委在2021年成立了福州新区党工委和管委会，全面构筑了福州新区的管理架构，直管区从188平方公里扩展到680平方公里，福州新区（滨海新城）迎来了更大更高的发展新机遇。

在此，对指导帮助滨海新城规划建设的各位领导、专家表示崇高的敬意和衷心感谢！对参与滨海新城规划建设的各家技术单位和技术人员的敬业和付出致以诚挚的谢意！对参加本书编写的著者和编者的辛勤工作一并致谢！

福州市规划设计研究院集团有限公司

总规划师、董事

陈亮

2023年4月

目录

第一章

战略传承，向海而生

　　"东进南下，沿江向海"，福州城市拓展在习近平总书记主政福州期间擘画的发展蓝图指引下稳步推进。2013年9月，福州市委、市政府提出"以沿海沿江发展轴"建设福州新区的设想。2015年8月30日，福州新区获得国务院批准。福州市委、市政府以强烈的发展雄心捕捉历史机遇，将福州城市发展与国家战略相结合，提出了发展滨海新城的重大决策，开启新的发展篇章。2017年2月13日，福州滨海新城建设启动暨大数据项目签约仪式在福州市海峡国际会展中心举行，标志着福州滨海新城建设从规划阶段转入全面建设阶段。

第一节　战略指引，蓝图擘画

　　20世纪90年代，时任福州市委书记的习近平同志亲自谋划制定了建设闽江口金三角经济圈、"3820"工程、海上福州、建设现代化国际城市等发展战略，为福州跨世纪发展提供了遵循，指明了福州城市"沿路、沿江、沿海"的空间发展方向。

一、闽江口金三角经济圈

　　1992年7月，福州市委市政府提出建设"闽江口金三角经济圈"的战略构想：陆域加快建设福马线、福厦线两大工业走廊，海域加快开发粗芦岛、琅岐岛等，着力形成沿江、沿路、沿海的三个经济走廊，合成完整的闽江口金三角经济圈。

二、"3820工程"战略

　　1992年11月，《福州市20年经济社会发展战略设想》明确今后福州发展按照3年、8年、20年三步走的思路，到2010年，达到或接近亚洲中等发达国家或地区发展水平。具体布局为：形成以福州经济技术开发区为前导，以老市区为依托，以沿海县（市）区为南北两翼，以山区县为后卫，以闽江流域和闽东北地区为腹地的全方位、多层次对外开放大格局。

三、海上福州战略

　　1992年下半年，习近平同志首次提出建设"海上福州"的思路。1994年5月，市委市政府出台《关于建设"海上福州"的意见》，提出推进"一点一线一个面"开发建设：从南到北全线开发海岸带，从西向东由陆域向海洋延伸发展。

四、现代化国际城市战略

1992年制定"3820工程"时，市委就提出建设现代化国际城市。1995年8月市党代会上，明确了"为建设现代化国际城市而努力奋斗"的目标。共分三步走：第一阶段与第二阶段同"3820工程"的8年、20年目标相衔接。第三阶段，即在此基础上，再经过二三十年时间（2030年、2040年），努力使福州跻身国际先进城市行列，达到世界发达城市的平均水平。总体思路是：以市区为核心，闽江下游为主轴，形成中心城市圈、环城经济圈、闽江口工业圈和山海发展圈。1995年中国共产党福州市第七次代表大会上的报告明确提出福州要"为建设现代化国际城市而努力奋斗"。

四大战略，为福州未来发展确立了目标——建设现代化国际城市；指明了方向——东进南下，沿江、沿路、沿海发展；明确了任务——2020年，福州市区扩大至391平方公里，人口356万人；设计了架构——按照"面向国际的现代化大都市"规划建设。

1992年，元洪码头动建，1994年10月经国务院批准为对外国籍船舶开放，是中华人民共和国一级口岸之一。

1993年长乐国际机场动建，1997年6月23日，福州长乐国际机场正式通航，成为中国国内首座完全由地方政府自筹资金兴建的大型现代化航空机场。

1999年5月，国务院批复实施《福州城市总体规划（1995—2010年）》，明确了"东进南下、沿江向海"的空间发展方向。

第二节　战略传承，一张蓝图绘到底

一、2007版福州发展战略规划

2007年，在1995版城市总体规划马上到期之际，福州市组织了福州城市发展战略规划咨询，邀请了中国城市规划设计研究院、同济大学规划设计研究院和深圳规划设计研究院共同为福州出谋划策。三家设计单位不约而同地提出了福州未来的发展应向长乐延伸，在长乐滨海地区建设福州未来的副城。

二、2011版福州城市总体规划

2015年7月，国务院批复实施《福州城市总体规划（2011—2020年）》，明确了福州滨江滨海的城市空间发展格局。规划提出要抓住国家将福建省作为"21世纪海上丝绸之路"核心区的战略机遇，落实国务院《关于支持福建省加快建设海峡西岸经济区的若干意见》，加强福州与台湾地区的联系与合作，提升福州城市在区域中的战略地位。规划明确了福州市总体发展目标是"开放文明、和谐幸福、滨江滨海现代化国际大都市"。由此，开启福州东进南下，沿江向海发展的新局面。规划形成"一区两翼、双轴多极"的市域城镇空间结构，明确双轴即为沿海发展轴和沿江发展轴，快速形成滨海经济走廊，推动市域山区和沿海地区联动发展。明确长乐是双轴发展的交汇点，是海峡西岸经济区重要的航空服务、动漫和 IT 高新技术产业基地；纺织产业和现代物流业等制造业基地；粮油食品加工产业基地。

三、福州中心城区空间发展规划

2017年10月，福州市人大常委会审议通过《福州中心城区空间发展规划》，明确滨海新城城市副中心的定位。《福州中心城区空间发展规划》进一步贯彻落实"3820工程"提出的闽江口金三角经济圈战略构想和"东进南下"的空间发展思路，落实国家"五区叠加"政策，发挥省会中心城市的辐射和带动作用，实现福州向滨江滨海国际大都市的战略性跨越，发挥带动全省经济社会发展排头兵的作用，成为海峡两岸融合发展的战略高地。

规划明确福州中心城区的发展策略是"东进南下"，整合构筑"主城+副城"的中心城区；强化城市发展轴线，疏解老城，培育新城，拓展城市空间框架；完善城市公共服务设施配置；"以产促城、以城兴产、产城融合"；严格保护生态系统和历史文化，凸显滨江滨海城市特色。明确"一轴"为东进南下、滨江滨海的城市空间发展轴；"两城"为闽江南北两岸共同构成的主城，长乐—滨海新城共同构成的副城。明确滨海新城是福州副城的科技文化创意中心、高端空港产业区，海峡两岸极具影响力、辐射力和竞争力的福州市域核心。重点发展大数据、现代商贸、金融、闽台文化旅游创意、科技研发、总部经济等高端服务业，打造海峡两岸及福州新区服务中枢。未来将打造成为国际滨海新城、福州新区核心区、产城融合发展的宜居宜业智慧城市。通过新城的规划建设率先突破、先行探索，打造样板示范，辐射引领福州全域的开发建设。

2020年福州启动了新一轮国土空间规划的编制。城市性质是国家中心城市，海上丝绸之路枢纽城市，两岸融合发展先行区，国家重要的科技创新中心和数字产业基地，国家历史文化名城，滨江滨海现代化国际城市。明确提出了福州未来要"实现福州主城与滨海新城的一体化发展，拉开城市发展框架，引导中心城区空间发展从'单中心'向'多中心、组团式、网络化'转变，打造'一环两带两核两心七组团'的空间结构"。其中一环为环城山体公园带，"两带"为闽江城市活力景观带、乌龙江生态景观带，"两核"为福州主城核心区、滨海新城核心区，"两心"为三江口副中心、科学城副中心，"七组团"为主城区外围的荆溪组团、旗山山前组团、青口组团、吴航玉田组团、闽江口组团，以及滨海新城的空港组团和松下组团。

第三节　向海而生，福州发展的必由之路

随着城镇化进程加速推进，国内众多城市都加快扩容提质的步伐，成为都市圈的中心城市，以此集聚各类优势资源，进而带动周边区域的联动发展。这已成为未来一个时期国家城市发展的趋势。2019年福州的建成区规模首次突破300平方公里，推动福州城市扩容提质确立福州中心城市地位，带动闽东北联动发展具有重要的意义。

一、向海而生，福州城市拓展的必由之路

1. 国家层面，福州城市发展需要力争成为海峡西岸区域的中心城市

2019年12月16日《求是》杂志刊发习近平总书记重要文章《推动形成优势互补高质量发展的区域经济布局》指出：我国经济发展的空间结构正在发生深刻变化，中心城市和城市群正在成为承载发展要素的主要空间形式。《中共中央国务院关于建立更加有效的区域协调发展新机制的意见》也明确提出：未来我国将建立以中心城市引领城市群发展、城市群带动区域发展新模式，推动区域板块之间融合互动发展。未来国家各种政策以及各种资源配置必然将会向中心城市倾斜。目前全国各个城市都在通过兼并、发展新城等手段壮大自身竞争力，力争成为中心城市。

福州作为中国东南沿海重要都市，我国最早开放的五个通商口岸城市之一，是"海丝"起点城市之一，福州经济带动发展符合"一带一路"21世纪海上丝绸之路战略目标的推进，因地缘位置特殊，又是对台合作关系重要城市，在《国家中心城市蓝皮书：国家中心城市建设报告（2018）》中福州被列为备选国家中心城市。

2. 省域层面，福州城市的扩容提质将更好地发挥省会龙头带动作用

按照在编制的全国城镇体系规划中提及的国家中心城市要求，人口达到1000万以上的超大城市是必备要求之一。目前福州的城市人口约780万，GDP总量超过万亿元，在经济体量和人口规模等方面还无法起到很好的带动作用。作为省会城市、海峡西岸城市群（海峡西岸经济区）中心城市，福州需要通过扩容提质，尽快集聚人口，扩大经济总量，提升城市首位度，汇集优势资源，进而带动闽东北发展，发挥省会龙头带动作用，引领福建全方位

高质量发展超越。

3. 福州层面，城市向滨海进行空间拓展优化发展模式势在必行

2019年福州中心城建成区面积为301平方公里，在全国36个直辖市、副省级城市及省会城市中排名倒6（居第31位，仅大于石家庄、呼和浩特、海口、拉萨、西宁等5个城市），而福州市每平方公里建成区GDP达19.6亿元，处于国内城市前列，高于天津、厦门，与广州、重庆相当。一方面说明福州的用地产出高，内涵式发展效率高，但地均产出已趋于高位，继续内涵式发展的难度较大；另一方面反映出福州城市需要向外拓空间，宜从内涵式发展向外延式发展转变，快速拓展建成区将会为GDP的增长带来更多的机会，也符合城市发展客观规律。广州的珠江新城、杭州的钱江新城、合肥的滨湖新区乃至上海的浦东新区、南京的江北新区的建设，直观上看是拓展了建成区面积，但实质上是为产业转型、升级，为外来人口的集聚谋划空间，进而带动城市的能级提升。福州在历次规划的谋划上已经明确了滨海的城市发展战略，其空港、海港、陆港、信息港的优势是福州向海而生的空间拓展必然趋势。

二、向海而生，福州扩容提质的必由之路

未来，加快城市空间拓展、加速人口与产业集聚、加强基础设施的建设是福州向海而生扩容提质的重要路径。环顾福州中心城及周边区域，从发展空间、发展基础和发展潜力来看，滨海新城都具备极佳的优势。

1. 组团拓展，更大范围谋划城市发展路径

福州是典型的廊道型城市发展模式，从市域空间发展的格局来看，未来福州将形成以城市功能为主的中心城区以及依托港口形成的产业功能为主的南北两翼。从发展的路径来看，在老城区空间已趋于饱和的情况下，"东进南下、沿江向海"是福州城市拓展的主要思路。"东进"拓展仓山区（三江口及火车南站周边）、马尾区（快安、马江、亭江、琅岐）、长乐区（长乐老城区、营前、首占、金峰、滨海新城等）等区域，形成福州新区的核心组团。"南下"沿沈海高速公路，拓展融侨投资区、元洪投资区、蓝色产业园、江阴工业集中区等产业园区，联动平潭，形成福州新区的南部产业组团。

2. 双擎驱动，更大力度推动福州城市扩容

福州老城区的空间饱和，新型产业发展空间不足，长乐滨海作为"东进南下、沿江向海"城市发展轴的重要拓展区域，具有承载大规模人口流入和成片建设新城的能力和空间。通过轨道、快速交通的支撑，福州老城区可串联三江组团（含三江口、营前、马尾）、长乐老城区、闽江口组团、滨海新城形成轴线发展。以滨海新城为基础，通过老城区、新城区的

双擎驱动，确定福州市区域中心城市的总体空间发展格局。

3. 区域联动，统筹共建助力大都市圈发展

2020年4月，国家发改委《2020年新型城镇化建设和城乡融合发展重点任务》提出，"支持南京、西安、福州等都市圈编制实施发展规划"。通过有序规划建设城际铁路和市域（郊）铁路，强化新城区与福州老城区、新城区与福州新区其他组团以及新城区和宁德、莆田、平潭之间的快速联系。推进公共服务一体化，探索都市圈户口、医保等同城化待遇等路径，强化公共服务设施的统筹谋划、无缝衔接、共建共享，谋划以基础设施、公共服务设施为先导的福州都市圈统筹发展。推进F2、F3城际铁路、国际机场扩建、松下国际邮轮港建设，强化和提升福州新区门户枢纽定位，进而通过辐射带动福州大都市圈发展。通过强化区域性资源优化配置，推动优势产业、优质资源的合理布局。在福州新城区内打造现代化的全产业链，优化区域经济承载能力，助力福州都市圈经济发展，提升福州城市能级和核心竞争力。按照优势产业合理配置、统筹配置的原则，引导产业链的梯度分配；按照区域协同发展模式，根据资源互补优势和空间分离特点，采用深度飞地合作和梯度蛛网式发展模式，形成以福州新城区为核心的层次性网链布局，实现合作互补、错位发展、联动双赢。

三、向海而生，新区规划确定福州跨越使命

《福州新区总体规划（2015—2030年）》确定福州新区的精髓在于"三海"跨越引领下的"四个新区"。聚焦"海峡"，充分发挥福州新区独特的对台优势，加强与台湾地区经济、文化、社会等领域的深度对接，在更高起点、更大范围、更宽领域上推进海峡两岸深化交流合作与融合发展，搭建两岸"命运共同体"发展平台。聚焦"海丝"，充分发挥海丝核心区、自贸区的对外经贸前沿优势，积极融入全球贸易，密切与"海丝"沿线国家合作，打造依托海峡、连接东北亚东南亚、面向世界的重要开放平台。聚焦"海洋"，"港—产—城"联动促进新区海洋自主创新能力提升，实施海洋高端制造和生产性服务业"双轮驱动"战略，积极融入全球价值链体系，打造后海洋经济时代科学发展、跨越发展的典范。

1. "立足两岸、联系海丝"的高度"开放新区"

充分释放国家新区、21世纪海上丝绸之路核心区、福建自贸区、福建生态文明试验区、福厦泉国家自主创新示范区"五区叠加"政策效应，以及平潭综合实验区"一区毗邻"优势，深化对台交流，加强与海丝沿线国家开放合作，联动福莆宁引领闽东北跨越发展，加快与平潭岛区一体化，加速福州中心城区沿江向海，全面探索新形势下国家对外开放的新模式。

2. "环湾推进、组团聚合"的现代"海湾新区"

强化海港、空港特有的战略资源，重塑福州门户地位，打造外联世界、内接腹地的枢纽

型地区，全面提升全球资源配置能力和区域发展带动能力。向西辐射大陆中西部地区乃至亚欧大陆市场的区域性战略窗口；向东密切联系台湾地区乃至环太平洋贸易自由化体系的对外开放战略窗口。800多公里海岸线，环湾面海的现代海湾型"生态新区"，构建"一核两翼、两轴多组团"的总体格局，三江口、闽江口和滨海湾构成的新区核心区。

3. "创新驱动、科技引领"的沿海"智慧新区"

以加快新一代信息技术与制造业深度融合为主线，以推进智能制造为主攻方向，构建创新型产业体系。建设科技创新平台和公共服务创新平台，提升新区自主创新能力，全面打造东南沿海先进制造业基地。借助新一代的物联网、云计算、人工智能等信息技术，着力打造全国信息化先导区，建成面向海丝和台海合作、引领福建城市升级的"智慧新区"。

4. "生态主导、低碳发展"的国家"绿色新区"

凸显生态文明，严控发展底线，科学划定生态控制线，构建区域生态安全格局；提倡土地资源的集约利用，打造福建生态文明实验区发展样板。大力发展"循环经济"，着力打造"海绵城市"，建设绿色基础设施，推动发展模式的全面转型。

第四节　战略实施，规划先行

2017年2月，福州市委市政府启动滨海新城建设，标志着福州从知道海的城市向滨海城市跨越迈出了坚实步伐。2017年11月6日，长乐撤市设区，福州坚定前行，向海而生。2017年我院成立福州滨海新城分院，正式扎根滨海，陪护式服务滨海新城的各项规划建设。

一、专家领衔，工作营团队协作

在高标准、强指导、全过程的要求下，市委市政府特别成立福州滨海新城专家咨询委员会，聘请各界的权威专家对滨海新城的各项规划建设提供全方位、全领域、全过程的咨询支持。专家成员有住建部原总规划师唐凯、中规院原院长和雄安新区规划负责人李晓江、北京建筑院总建筑师和全国勘察设计大师胡越、福建省住建厅原总规划师王建萍、东南大学建筑学院景观学系主任及博导成玉宁、国家发改委城市中心综合交通院院长张国华、福建省建筑设计研究院集团有限公司总建筑师和福建省工程勘察设计大师梁章璇等。

在高起点、强融合、全覆盖的要求下，学习借鉴雄安新区的工作经验，采取共同谋划滨海新城顶层设计，构建优秀团队领衔、顶尖专家咨询、多部门参与、多单位协作的规划编制机制，组建规划编制工作营。规划工作营由设计团队、专家团队与滨海指挥部共同组成，设计团队由RSP（新加坡刘太格博士团队）、美国SOM设计团队、中国城市规划设计研究院、深圳市城市规划设计研究院、国家林业和草原局森林城市研究中心、清华同衡规划设计研究院、河海大学设计研究院、中铁第四勘察设计院等一流设计单位的多专业参与，与福州市规划院抽调的精兵强将一起，全方位同步开展工作（图1-4-1）。

图1-4-1　第二届福州滨海新城专家咨询委员会会议
（来源：作者自摄）

二、多规融合，"1+N+1"规划体系

工作营互相碰撞启发，互相协调促进，重点围绕滨海新城的总体设计、森林城市、综合交通、产业布局、防洪排涝防潮等规划，进行滨海新城的总体把控，坚持"多规融合"，推进各项规划的编制。通过规划工作营的不断磨合，确定"总规定框架，城市设计定格局，专项规划定布局，控规统一集成"的技术路线，形成特色鲜明的规划体系（图1-4-2）。

1. 总规定框架

福州中心城区空间战略规划突出体现战略性和结构性，突出区域的空间框架和底线发展思维。充分对接、吸纳和融合规划、国土、水利、林业、环保、发改等相关规划；识别和确定区域生态保护格局，明确了统一的生态底线空间格局；按照自然的山水形态谋划主要路网布局，从大福州角度对滨海新城功能进行科学布局，在此基础上形成了统一的空间布局基础。各分区规划传导总体规划的战略性要求、功能性要求和结构性要求，重底线约束、重功能引导、重用途管控，形成总体规划与详细规划之间承上启下的传力杠杆。

2. 城市设计定格局

总体城市设计对核心区86平方公里范围内的城市空间形态、天际线、地标、中央公园等重要界面、节点提出明确的建议；临空经济区城市设计、东南大数据城市设计分别从制造

分区规划	城市设计	专题研究	专项规划		
			幸福宜居类	和谐高效类	韧性安全类
福州空间发展战略规划	核心区总体城市设计	景观风貌高度控制引导	长乐历史文化挖掘与传承	骨架交通研究启动区总体交通设计	防潮防洪排涝
滨海新城核心区	东南大数据产业园城市设计	市政道路全要素设计导则	文化设施布局	竖向工程	抗震防灾
临空经济区	下沙片区城市设计	建（构）筑物防台风技术导则	公共体育布局	给水工程	人防工程建设
长乐松下港片区	临空经济区城市设计	商业布局与管理导则	教育设施布局	雨水工程	消防
滨海新城职教城	景观风貌专项规划	功能单元型级别划分	医疗卫生设施	污水工程	海绵城市
		公共服务设施分级体系研究	养老服务设施布局	电力工程	地下空间
		各类设施配套标准研究	启动区住房	通信基础设施	
		各类用地建筑容量控制指标	智慧城市	电动汽车充电基础设施	
			水上旅游	燃气工程设施	
			邮轮旅游发展实验区发展规划	地下管线综合及地下管廊	
				环境卫生	
……	……	……	……	……	……

各片区控制性详细规划

图1-4-2　规划体系架构
（来源：作者自绘）

产业园区和创新产业园区的角度进行空间形态、重要界面和节点的引导；CBD核心区及下沙度假区的城市设计从商务商贸中心和旅游中心的角度，提出区域功能设置、空间形态、重要界面和节点的控制。滨海新城的整体城市设计和各片城市设计提炼滨海新城特色元素，构筑山水景观视廊、城市天际线、城市地标等城市空间组织序列，明确建筑色彩、风格和风貌控制要求，塑造由海到山多层次的城市景观格局。

3. 专项规划定布局

滨海新城规划编制在总体规划和城市设计的指导下，同步开展综合交通、公共服务体系、市政公用支撑体系、韧性安全健康等各类专项规划，涵盖森林城市、防洪排涝、综合交通、海绵城市、地下空间、智慧城市、竖向、给水、雨水、污水、电力、通信等多个专项规划，将城市各类管控的要素纳入整体规划编制体系，为后续的规建管平台建设奠定基础。

4. 控规统一集成

控制性详细规划是规划与管理、实施衔接的重要环节，按照"生态保护优先、建设总量控制、功能用途引导、刚弹管控结合"，统筹各项设施的空间布局，提出滨海新城的全要素管控要求。构建包含用地属性、建设强度、设施配套和城市设计等内容的管控指标体系。最终形成全要素的土地用途管制和系统精细化的管控指标体系，科学指导下一层次实施。

三、扎根滨海，陪护式服务

罗马不是一天建成的，滨海新城的建设也需要一批开拓者扎根开拓。为此，为保障滨海新城的各项建设高质量、快速地推进，我院组织了由规划领衔，市政、园林景观、给水排水、建筑以及测绘等专业组成的滨海驻地陪护式服务团队。

在前期规划工作营集中工作确定的结构性规划的基础上，针对启动区开展详细规划层面的各项规划设计以及各落地的专项规划设计。贯彻各项规划建设理念，及时解决各类建设实施过程中所遇到的问题。集中讨论设计方案，各专业协同设计，现场问题及时响应解决，指挥部无缝衔接，陪护式服务为滨海新城前期能够快速、高质量地推进起到了重要的作用。

作为一个固定的陪护式团队，滨海新城的各项规划设计及工程勘察设计方面很好地坚持了既定的规划设计理念，也很好地落实了上位规划所确定的各项设计原则，让滨海新城的建设遵照规划不走样，从设计方面保持一张蓝图绘到底（图1-4-3）。

图1-4-3 陪护式团队工作照片
（来源：作者自摄）

第二章

聚核发展，产城融合

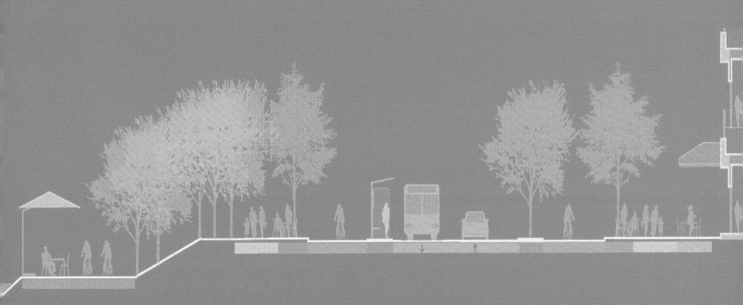

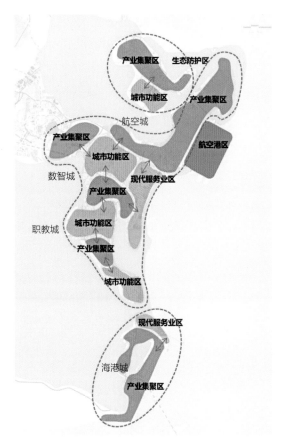

图2-0-1　滨海新城产城融合发展格局图
（来源：作者自绘）

福州是往来中国台湾地区、东南亚、东北亚的门户枢纽、东南亚往来东北亚的桥梁枢纽以及国内往来太平洋岛国等大洋洲地区的门户枢纽。福州新区总体规划明确积极参与、主动融入"一带一路"战略，大力发展开放型经济，探索新形势下对外开放的新模式。推进产业转型升级，着力发展战略性新兴产业，构建以高端临空产业为引领、先进制造业和现代服务业为主导的现代产业体系。

滨海新城作为福州中心城区的副中心，需要强有力的产业引领和支撑，以及产业与城市的高度、深度融合发展。依托空港、海港等战略性资源，发展临空、临港产业，在长乐机场周边规划建设国际航空城；在松下港周边规划建设海港城，依托大数据产业、教育产业等战略性新兴产业的发展，结合大数据产业园规划建设数智城和东湖数字小镇，在其南部、火车东站西部规划建设职教城，依托网龙公司产业园区的创建，规划建设网龙智能教育特色小镇。通过航空城、海港城、数智城、职教城四个"城"和东湖数字小镇、网龙智能教育特色小镇两个"小镇"的产城融合发展（图2-0-1），为滨海新城的发展提供坚实的基础和强劲的动力。

第一节　聚焦、辐射，门户枢纽的临空产城

机场是一个城市的重要门户和枢纽，其周边区域的发展，已从一开始的单一交通功能逐渐向多元功能发展，从单纯航空运输港逐渐枢纽化，成为综合性交通枢纽，进而产业化，吸引产业生产力要素向机场区域聚集，形成临空产业区，再进而城市化，因产兴城，带动机场地区功能重组和空间重构，形成以机场为核心的航空城，成为城市的新增长空间、城市空间结构的重要节点，荷兰阿姆斯特丹的斯基浦、法国的戴高乐、德国的法兰克福、英国的希思罗、美国的亚特兰大、韩国的仁川、新加坡等均已形成颇具规模的航空城。与此同时，航空城的功能、业态及空间组织形式也日趋多元化、综合化、特色化，有商务办公园区、会展中心、企业总部等商务设施，还有仓储物流、保税园区、加工工业园区等工业设施，以及大型

商业娱乐设施、酒店、高尔夫球场等，形成航空链、城市产业链、城市服务链三大核心链群和产业服务配套区、综合服务配套区、高价值生态区三个城市功能区，并以机场为核心呈圈层布局形态（图2-1-1）。

近年来，国内诸多城市大力推进临空经济示范区建设，北京大兴国际机场航空城、成都双流机场生态智慧空港城、西安咸阳国际机场航空城、杭州临空生态智慧航空城也应运而生，以机场为核心推进临空地区的发展转型。

福州长乐国际机场的旅客吞吐量已突破1000万人次，迎来快速发展阶段，临空产业加快发展，并带动周边区域发展转型，2035年规划吞吐量将达5000万人次，2050年将达8000万人次，机场的扩容和提级将加速推进其周边区域的产业化和城市化进程。着眼这一发展态势，顺应机场及临空地区发展规律，福州市委、市政府审时度势，提出建设国际航空城的目标，成为坚持"3820"战略工程思想精髓、加快建设现代化国际城市、重点建设的

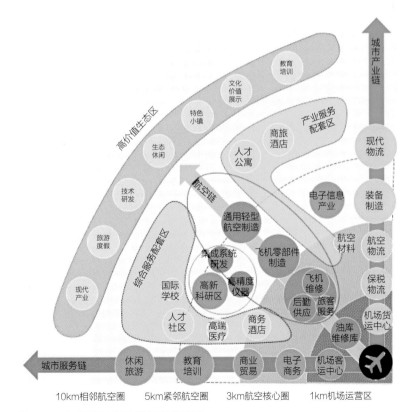

图2-1-1　机场周边区域空间布局组织形式
（来源：作者自绘）

六大城之一。范围以长乐国际机场为核心,涵盖所辐射的周边漳港、金峰、湖南、潭头、文岭、梅花、鹤上等区域,面积172.5平方公里,其中重点聚焦在规划文松路以东的60平方公里区域。

以临空型产业为核心和特色的国际航空城是福州滨海新城极为重要的产业支撑区域,是福州新区的新增长空间,福州新区、福州滨海新城的高质量发展,离不开产业的支撑,没有产业,新城、新区是空的,难以为继,综观国内的新城、新区发展,但凡不成功的,缺乏产业支撑是最主要原因之一,因此,福州滨海新城、福州新区的规划建设,特别注重产业的引领和支撑,强调产业发展为新城、新区提供强劲的动力与活力,国际航空城是激发滨海新城高速、高效发展的动力源之一,需要着力培育和打造。

目前,国际航空城范围内已形成纺织制造、高端装备、信息科创等产业集群,拥有锦江科技、网龙、博那德等龙头企业;近年京东、菜鸟物流基地、恒美光电等重点项目陆续落地,新能源、新型显示产业链等新型产业项目正在加快推进招商、入驻,形成良好的带动效应。现状产业用地约14.1平方公里,主要集中在机场西侧、规划文松路东侧的产业集中区,但产业的临空指向性弱,缺乏高端、新兴、强临空指向的产业,与空港、城市的联动弱,与航空城目标定位不匹配,同时建设标准仍较低,闲置土地仍较多,交通体系尚不完善,配套设施仍较薄弱,空间组织仍较松散、粗放,亟需借助临空经济示范区建设以及申报空港综合保税区、申报自由贸易区在临空地区扩区等国家政策区的触媒效应,借鉴国内外航空城的规划建设经验,推进临空地区的转型发展,通过培育枢纽、提振产业、优化布局、提升品质、彰显特色等策略与行动,以港兴产,以产促城,推进港—产—城融合发展,打造国际性综合交通枢纽、21世纪海上丝绸之路战略枢纽、临空经济示范区,将航空城建设成为生态、开放、创新、智慧的现代化国际城市的样板区。

一、提升机场能级,培育门户枢纽,建设国际航空港

积极推进福州长乐国际机场扩能,加快建设机场二期,新增第二、三条跑道及航站楼,提升飞行区等级至4F级,拓展国际航线,打造覆盖国内、"一带一路"沿线国家、亚太地区重点城市及港澳台地区的航线网络,打造国际航空港、21世纪海上丝绸之路战略枢纽,提升链接全球的服务能力。同时构建便捷联通内外的海陆空联运综合交通体系,规划高铁、城际铁路F1线(滨海快线)、轨道11号线进机场(图2-1-2),预留城际轨道接入通道,推进空铁、空公联乘联运,形成与福州都市圈及闽东北县市城区1小时通勤圈,提升对福州新区、福州都市圈的辐射带动能力。

目前,长乐机场总体规划修编工作正抓紧推进,机场二期扩建工程(含T2航站楼和第

图2-1-2　规划高铁、滨海
快线F1、轨道11号线进机场
（来源：作者自绘）

二跑道）、机场第二高速正加快建设，滨海快线F1开工动建。

二、推进产业转型，提振临空经济，建设临空示范区

　　发挥临空区位优势，大力推进国家级临空经济示范区建设，引导机场周边区域转型发展临空指向性强的产业，增强临空产业链群的临空关联度，形成航空核心产业、临空高技术产业、临空现代服务业、数字产业、旅游业五大产业体系（图2-1-3），强化综合枢纽引致、主导产业引领、龙头企业带动、重大项目依托、重点园区承载、产业生态平衡、自我更迭、政策推动的国际化、数字化、高端化现代产业集群，推动临空枢纽经济发展模式创新，引导临空指向性强的产业在机场周边集聚，聚力筑强临空经济示范区建设（图2-1-4）。

图2-1-3　构建国际航空城五大产业体系
（来源：《福州临空经济示范区发展规划》，作者改绘）

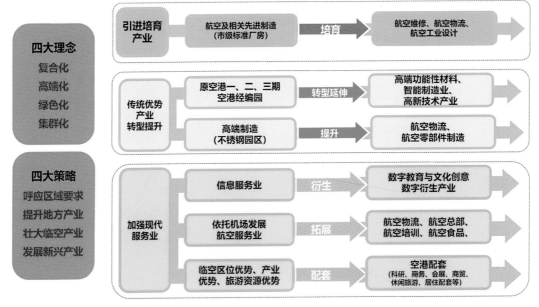

图2-1-4　国际航空城的产业发展策略
（来源：《福州市临空经济区概念规划》，作者改绘）

　　发挥空港这一战略性资源优势，推进申报空港综合保税区，面积182.27公顷，规划布局综合服务、国际中转、配送、采购、转口贸易、出口加工、机务维修等功能区，重点发展航空运输保障产业、航空物流业、临空商务服务业、临空高新技术产业，建设成为开放层次最高、政策最为优惠、功能最齐全的具有空港特色的海关特别监管区域（图2-1-5）。

　　积极申报争取纳入自贸试验区扩区范围，支持临空经济示范区、空港综合保税区和自贸试验区加强联动，形成高水平制度型开放示范区，助力福州经济实现更大程度的开放发展。

　　目前，一些临空指向性强的新兴龙头企业陆续入驻国际航空城，如京东、菜鸟、福米产业园（图2-1-6）等，其中福米产业园正加快建设，计划2023年底、2024年初试投产，是以新型显示及第三代半导体基础材料为核心的应用型终端产业，争取建设成为国内产业链最完备、产业要素最集中的光电产业基地之一，全球领先的大屏幕液晶面板供应商。

图2-1-5 《福州空港综合保税区修建性详细规划》效果图
（来源：作者自绘）

图2-1-6 《福米产业
园城市设计》鸟瞰图
（来源：作者自绘）

三、促港产城融合，优空间提品质，建设国际航空城

1. 优空间

以机场为核心，在规划文松路以东的临空面这一3公里内的核心圈层布局临空指向性强的产业，形成临空产业片区；在外围3~5公里的紧邻圈层，布局漳港产业组团，培育文岭研发特色组团，利用金峰的良好基础增强其对空港和临空经济示范区的综合服务能力，打造金峰综合服务中心；在更外围5~10公里的相邻圈层，培育潭头、阜山特色产业与生态居住组团以及梅花历史文化组团，发挥闽江口湿地的自然生态环境、滨海风光、历史文化等特色，打造滨江滨海旅游带，彰显国际航空城的独特魅力，在各功能组团间以山海生态廊道相隔，形成"一核一带两廊两片多组团"的组团式圈层布局结构（图2-1-7、图2-1-8）。

2. 提品质

按规划50万人的规模，在机场布局城市级商业服务（图2-1-9），其余公共服务设施按街道级—社区级两级进行配套，形成15分钟、5分钟生活圈，在产业区的产业单元规划配置产业共享配套区（图2-1-10）。

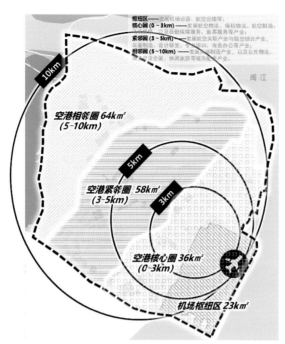

图2-1-7 国际航空城圈层布局模式图
（来源：作者自绘）

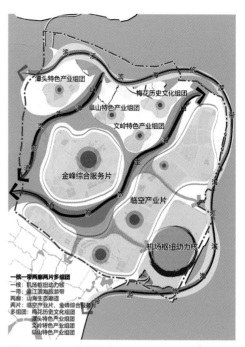

图2-1-8 国际航空城空间结构图
（来源：作者自绘）

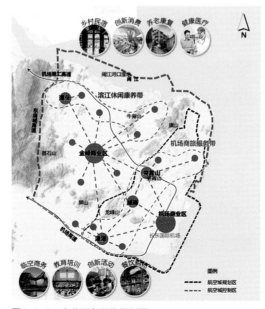

图2-1-9 商业服务网络规划图
（来源：作者自绘）

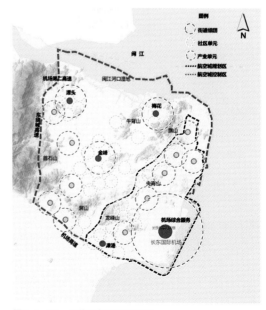

图2-1-10 公共服务设施规划图
（来源：作者自绘）

图2-1-11　滨江滨海魅力游憩带效果图
（来源：作者自绘）

3. 显特色

突显海滨、山水、人文景观特色，打造最美滨江滨海魅力游憩带（图2-1-11），彰显兼具大陆性和海洋性的多元地域文化特色，以"大山水"为本底，以"蓝海湾"和"绿道网"为脉络，以生态化、现代化、国际化的风貌为愿景，融人文、人工景观于自然生态之中，形成"蓝带引领、绿廊贯穿，四心双轴、特色风貌"的整体景观格局（图2-1-12），与生态共生、与环境共融，将国际航空城打造成为集智慧、生态、活力于一体的国际社区样板。

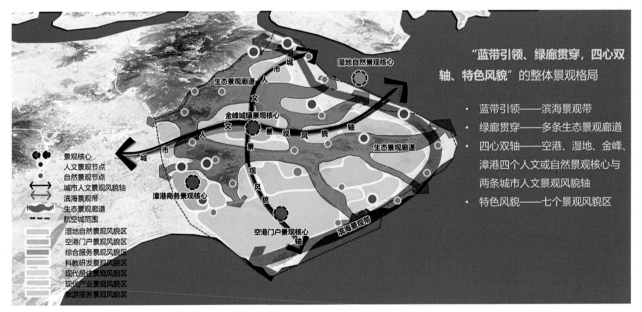

图2-1-12　景观格局规划图
（来源：作者自绘）

第二节　多链、多元，融合汇集的数智创城

2000年，习总书记在闽工作时，着眼于抢占信息化战略制高点，增创福建发展新优势，作出了建设"数字福建"的重要决策，开启了福建推进信息化建设的进程。多年来，福建省委省政府始终把推进"数字福建"建设作为重大战略工程持续推进。

数字福建产业园项目是建设"数字福建"的重要承载平台，对福州实施沿江向海发展战略、做大做强临空经济，对接平潭辐射长乐城区，引领区域产业升级转型具有重要的战略意义。2017年，福州市人民政府启动建设滨海新城，将数字福建产业园正式命名为"东南大数据产业园"，并作为滨海新城的启动区域。

大数据产业园是福建省高端信息技术产业发展的重点园区，引领福建省产业结构信息化升级和数字化转变。产业园还是区域发展资源要素的汇集地，以着力推动数据资源集聚与共享、提升软硬服务、加强企业引培、促进融合创新、夯实产业为要务，借助产业引领，以产促城，通过多链联动和多元融合，以驱动创新产业的发展实现空间的均衡布局。

新城建设中，产业集聚所带来的人口虹吸是片区活力的重要引擎，所以，大数据产业园是作为滨海新城建设排头兵的存在，作为新城中的新建工业园区，产城融合也是其极为重要的一个命题，通过多链联动和多元融合，以此来驱动创新产业的发展和视线空间的均衡布局。

一、多链联动，驱动创新产业发展

立足国家级新区的战略定位，挖潜自身的产业优势，遵循产业链和市场发展规律，找寻地区发展的强劲驱动力，实现产业差异互补、联动创新产业融合发展，落实福州的东进南下重大战略实践，引领升级滨海新城的产业发展（图2-2-1）。

以大数据通用基础、大数据安全、大数据教育、大数据双创的大数据基础支撑，聚焦海丝大数据、健康大数据、文创大数据（图2-2-2）；进行大数据+人工智能、大数据+虚拟现实、大数据+云计算、大数据+物联网的四大融合；构建"三聚焦、四融合、一支撑"的大数据产业发展体系，有力支撑"数字福建"乃至"数字中国"建设。

二、多元融合，实现空间均衡布局

立足海丝、健康、文创三大核心大数据功能产业，多角度业态选择，构建整体、完善、丰富、有机、可行的产业发展体系。多元功能导入，多元人才汇聚，满足不同人群差异化业态与空间需求，打造现代化国家城市。以大数据产业为动力，以生态居住和智慧为基础，生

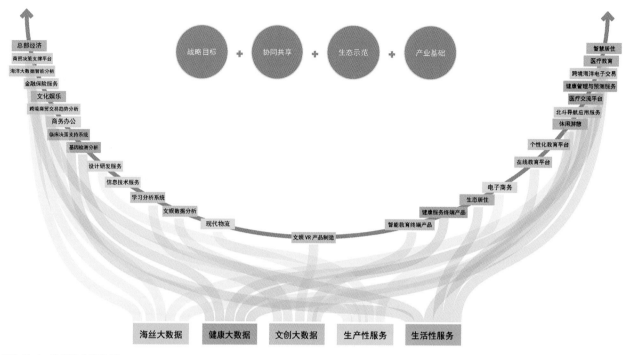

图2-2-1　主产业业态分析
（来源:《中国东南大数据产业园城市设计》）

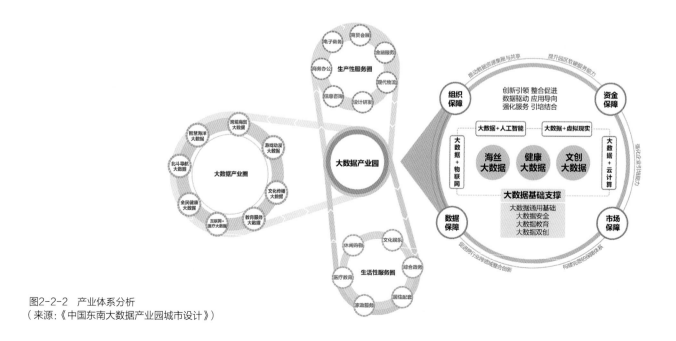

图2-2-2　产业体系分析
（来源:《中国东南大数据产业园城市设计》）

活服务与生产服务镶嵌其中，实现业态空间均衡性布局，促进产城融合，构筑绿色低碳的宜业宜居智慧社区，实现业态空间均衡性布局（图2-2-3）。

大数据产业园结合产业体系发展需求，提供专业化生产性服务业与完善的生活性服务业作为配套补充，形成海丝科技、文创乐活、融汇双创、综合智汇、数享康体、互联信息等六个结构完整、多元共荣的有机体系（图2-2-4）。

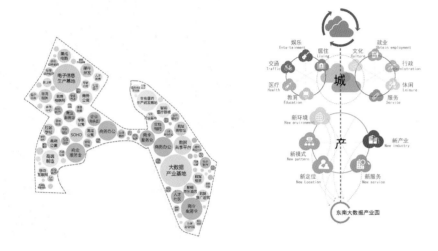

图2-2-3　业态空间均衡性分析
（来源：《中国东南大数据产业园
城市设计》）

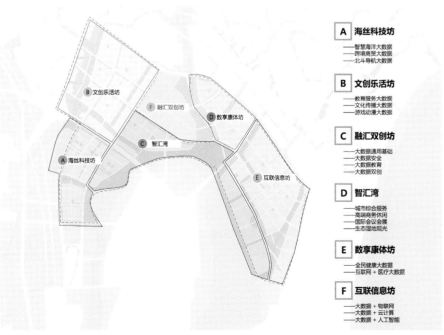

图2-2-4　功能组织结构分析
（来源：《中国东南大数据产业园
城市设计》）

A 海丝科技坊。利用良好的政策、平台和项目资源，以海洋产业、跨境商贸、北斗导航为切入点，重点发展海丝大数据产业。依托北斗等项目，与商务岛一脉相承，共建弹性绿脉，细胞生长的社区。

B 文化乐活坊。将涵盖高端研发办公、大数据应用、配套完善的居住社区，涵盖教育服务大数据、文化传播大数据、游戏动漫大数据三大板块，推进文创产业与大数据产业的融合发展。

C 融汇双创坊。以道路建设为契机，利用现状产业升级改造，打造大数据应用双创加速器，形成大数据应用双创企业集聚区。

D 智汇湾。产业园的综合服务环，聚集大数据与物联网、云计算、人工智能、虚拟现实等领域的融合创新型企业，涵盖园区产业发展相关的公共服务机构和平台，东北西三区各自起到带动腹地空间开发的作用，大数据创新创业基地。

E 数享康体坊。营造中央开放公园及公共服务中心，是融汇健康数据采集，应用的康体社区，打造国家健康医疗大数据中心。建设医疗健康大数据产业园以及健康城市战略运营基地、健康人文国际交流基地。

F 互联信息坊。以移动、联通、360等企业的进驻为契机，推动电信运营商和园区信息技术企业建设面向各细分领域的数据云平台，建立一批基础大数据研发创新平台；依托现状水系，宜构建纵横交错的宜人空间，构建服务中轴，衔接CBD及东湖。

为应对市场及外部建设环境的不稳定性，在保证规划区整体结构及功能完整性的前提下，对各个片区进行弹性的单元式开发引导，以功能单元的概念，引导区内的土地开发。功能单元是一种具有高度灵活性的空间发展模块，根据内部功能的侧重分为生态型、产业型、综合型、科研型、战略型、公共型、居住型单元七类。单元的规模以0.3～0.6平方公里不等。以单元为一个标准，控制单元的性质、强度、混合比例等发展指标（图2-2-5）。

最终，目标是形成一个以高新技术产业园区为底板，居住、娱乐、就业、服务、休闲、文化、游憩、各类配套等功能高度融合的数智创城。

目前，中国东南大数据产业园配套日益完善，周边已建成数字福州会展中心、万豪酒店等配套设施。同时，国家健康医疗大数据中心、国土资源大数据应用中心等国家级平台落户中国东南大数据产业园，三大通信运营商、湛华智能科技、中电数据、贝瑞和康、华为、博思软件等一大批知名企业也入驻园区。中国东南大数据产业园已经建成福州国家级互联网骨干直联点、"海峡光缆一号"、超算中心二期等一批大数据产业基础设施，引进国家健康医疗大数据中心等国家级平台，带动500多家企业集聚发展，已建及拟建、在建数据中心（IDC）机架超过6.5万个，在全省占比43%以上。

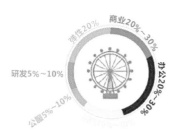

公共型 单元

容积率：1.0~2.5

生产型服务功能：市民服务、文化展览、商务办公、金融服务等

生活型服务功能：品质社区、商务公寓、超市、学校等社区服务设施

弹性用地可兼容居住、商业及其他公共配套

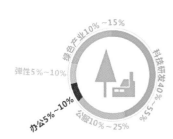

生态型 单元

容积率：0.8~1.5

生产型服务功能：云计算、智能装备制造、数据物联网等

生活型服务功能：体育中心、综合超市、社区公园等

弹性用地可兼容公共研发及生态相关产业设施

综合型 单元

容积率：0.6~2.0

生产型服务功能：高端制造、移动互联网、大数据产业基地、企业俱乐部、商务办公等

生活型服务功能：高端公寓、SOHO社区、社区服务、社区学校、综合商业等

弹性用地可兼容体验展示、特色商业等

产业型 单元

容积率：0.8~1.5

生产型服务功能：电子信息制造、硬件开发、物流服务、集成电路、通信设备制造等

生活型服务功能：商务公寓、生态社区、社区服务设施等

弹性用地可兼容体验展示、产业研发等功能

居住型 单元

容积率：1.0~1.5

生活型服务功能：人才社区、水岸社区、高端住区、文化体验、健康养生、特色美食、文化创意、国际化的生活配套服务，还应发展本地特色化的民族社区、情景地产等

弹性用地可兼容商业、居住及公共配套设施

科研型 单元

容积率：0.8~2.5

生产型服务功能：孵化器、生物医药、职能医疗器械、医药研发实验室等

生活型服务功能：SOHO公寓、U+公寓、商务公寓、国际社区等

弹性用地可兼容公共研发及办公功能

图2-2-5　单元模块功能占比分析
（来源：《中国东南大数据产业园城市设计》）

第三节　开放、共享，弹性生长的活力教城

　　当前，新一轮科技革命和产业变革与我国加快转变经济发展方式形成历史性交汇，国际产业分工格局正在重塑，需要大量的技术技能人才。2019年1月24日，国务院印发《国家职业教育改革实施方案》，提出要把职业教育摆在教育改革创新和经济社会发展中更加突出的位置。在此背景下，福建省委省政府提出在福州滨海新城建设职教城，优化职业教育布

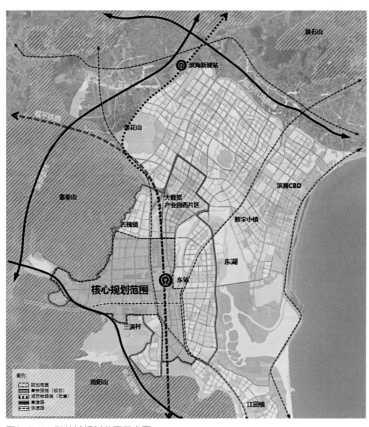

图2-3-1 职教城规划范围示意图
（来源：作者自绘）

局，打造以高水平国际化为特色的职业教育国际交流合作示范区，推动福州新区建设。

职教城总面积38平方公里，位于董奉山、南阳山与东海之间的山海过渡地带，内部地势平坦，河网密布。东南侧的东湖湿地公园是良好的湿地发育区，栖息着大量的迁移鸟类，呈现出原生态的湿地田园风光和自然野趣的湖汉景象（图2-3-1）。

职教城的规划建设应当运用"教育—产业—研发"发展规律，从内涵深度层面，加强对于职业教育的思想交流与深度思考的探索，以指导空间体系建构。结合职教基地和城市综合服务两大武器，从职业教育的角度探讨科创培育机制和区域协同创新，从城市综合服务的角度谋划科学空间体系和合理高效组织。我们希望职教城不仅是发挥科创价值的空间，也是以教引产，以教筑城的空间，让职业教育赋能城市发展，也让城市赋能职业教育发展。

按照"校城一体、产教融合、校企互动"的发展理念，打造一个现代化、国际化、具有闽台特色的省职教城，目标愿景是山海绿城，精匠科谷，最终使其建设成为福建省产教融合发展示范区、国际职业教育联合培养集中区、国家职业教育改革发展先行区、闽台职业教育交流合作试验区、福建省学生创新创业中心区（图2-3-2）。

一、"校园街区"——营造以人为本、步行友好的示范性校园小街区

规划建立了150米×150米的街区网络，细分的街区网络可以促进校园开放，加强校城融合，同时，150米×150米的街区也能适应多种功能的地块需求。

梳理小街区网络，依托景观主廊道、城市街道、街区学径，形成三种街道公共开放空间，引导形成连续的公共开放空间体系，构建街区学径。营造街区学径，将地块划分为150米×150米的细分网格，进行小尺度公共空间梳理，使得功能更加混合，地块融合更加紧密（图2-3-3）。

图2-3-2 职教城鸟瞰效果图
（来源：作者自绘）

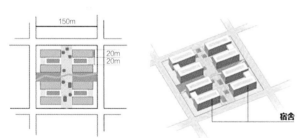

宿舍区：20m进深的宿舍楼在保证楼间距1:1的情况下可布置8栋

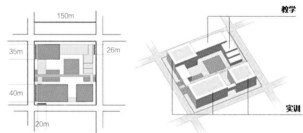

教学实训区：35~40m进深的实训楼与20~26m进深的教学楼可混合布置，提高使用效率

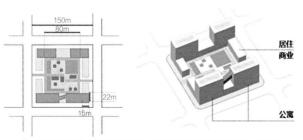

居住区：可布置4栋22m进深的南北向高层公寓，外围可布置15m进深的商住混合楼，并围合中心花园

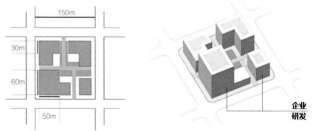

企业研发区：可布置多栋30m进深的多层商用建筑，并可容纳高层写字楼

图2-3-3 职教城街区网格示意图
（来源：作者自绘）

图2-3-4　职教城局部透视效果图
（来源：作者自绘）

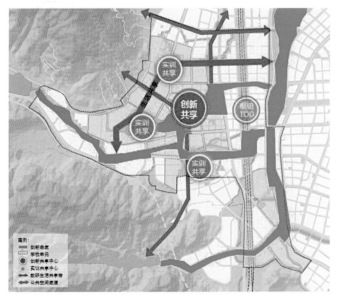

图2-3-5　职教城创新共享示意图
（来源：作者自绘）

二、共享框架——打造创新共享、实训共享以及生活共享三大共享体系

创新共享：主要城校共享，其功能最具公共性，包含合作办学、产业—教学融合以及公共配套，如商业、酒店、办公等。且其地理位置交通最为便利，并与枢纽TOD高效率连接，进一步促进了校区与城市的融合。

实训共享：主要为校际共享，其主要功能包含综合实训教学、公共培训、技能赛事基地等，具有一定公共性，服务于各大校区，促进校园之间的共享与交流，主要布局在交通便利的校际区域。

生活共享：包含校际共享与校内共享，其主要功能为大学食堂、学生活动中心等，主要服务于校园内部人员，满足校内的生活需求。其毗邻山体，串联校区内部，打造高品质生活共享走廊（图2-3-4、图2-3-5）。

三、弹性生长——战略预留未来生长空间、围绕共享中心集中建设生长

一种是组团生长，共享中心位于院校集中区的几何中心，在共享中心500米步行半径内，集中进行各校的一期建设，建设一块，成熟一块，快速形成校园活力节点；另一种是沿校园主轴弹性生长，对于规模较大的高等院校、高职院校，以自然水系划分弹性组团，一期组团满足现状规模搬迁要求，弹性组团都包含教学与生活空间，随着发展需求，逐步拓展；对于规模较小的中职院校，以校园主轴为主要空间秩序，一期建立校园主轴，以此为空间秩序建立教学与生活区，满足现状规模搬迁要求。未来向轴线两侧进行弹性拓展（图2-3-6、图2-3-7）。

图2-3-6　职教城弹性生长示意图
（来源：作者自绘）

图2-3-7　职教城局部透视效果图
（来源：作者自绘）

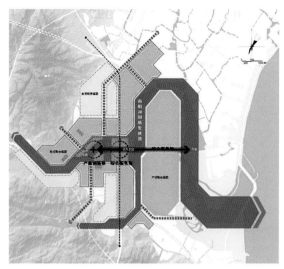

图2-3-8　职教城空间结构规划图
（来源：作者自绘）

四、构建"双核驱动、一轴一带，组团协同"的城市空间结构

双核驱动：指综合服务核与产教创新核。

综合服务核依托长乐东站，提供商务、商业、会议、展览等高等级城市服务功能；产教创新核以科学公园为依托，提供创新孵化、文化、体育、商业等职教服务功能。

一轴一带：指南洋河创新发展带与综合服务轴。

南洋河创新发展带依托南洋河两岸空间，由东往西依次串联大数据小镇、天大国际校区、职教城、制造产业园等创新功能，形成原始创新、技术创新到产业转化的完整链条。综合服务轴指连接科学公园与东湖的发展轴，轴线串联了产教创新核、综合服务核等重要节点，是城市、教育、产业融合的发展轴线。

组团协同：指由水系划分的融合组团。

该组团包括教城融合组团、产城融合组团与生活服务组团三种类型，教城融合组团与产城融合组团沿南洋河创新发展带布局，生活服务组团以现状镇村为基础，临山布局，各组团间以公共空间相连，相互融合（图2-3-8、图2-3-9）。

图2-3-9　职教城局部透视效果图
（来源：作者自绘）

第四节　良港、粮仓，协调联运的海港新城

历史上，福州长期是福建省最重要的港口城市，近代后因种种原因逐步衰落。福州要建设真正的"海滨城市"，发展港口势在必行。位于福州滨海新城"南翼"松下片区内的松下港，是距离福州市中心和机场、火车站等交通枢纽最近的海港，也是20万吨级深水港、国家一类口岸和对台直航港口，为滨海新城提供了宝贵的港口资源。松下片区自然成为滨海新城发展建设的重点。2017年7月，原国家旅游局同意在福州设立"中国邮轮旅游发展实验区"，福州因此成为继上海、天津、深圳、青岛之后全国第五个获批的城市，实验区范围就位于松下片区内。因此，规划将松下片区定位为滨海新城的"海港城"组团，是集中国邮轮旅游发展实验区、粮食港和粮食物流产业发展区、滨海新城产城融合发展和形象展示区为一体的"海丝良港、滨海门户"。

一、错位发展，发挥门户优势

松下片区依山面海，南接福清市，东面通过公铁两用跨海大桥连接平潭综合实验区，规划远期连接台湾地区。规划建议依托福平铁路、福平高速等发达的交通条件和显著的外向型经济，以滨海新城作为港口腹地的城市服务基地，带动松下港水运、陆运、仓储业、先进制造业、贸易、金融等产业发展。在区域港口的差异化发展中，突出松下港粮食港口和粮食物流基地的定位，建设粮食物流产业中心和临港产业基地。

发挥国家邮轮旅游发展实验区优势，培育发展邮轮产业，带动片区开发。依托福州新区与平潭综合实验区的双区共筑，强化"福平"在闽东北协同发展区的引擎作用。利用自贸区和国际旅游岛优势，推动松下邮轮港和平潭邮轮港的合作发展，联合开展邮轮旅游活动。协同两港客源市场、邮轮泊位、航线和配套功能，构建"环海峡邮轮旅游圈"，联合打造一程多站式邮轮旅游精品航线。

二、港产融合，破解用地难题

松下片区受地形影响，产业发展空间有限。规划提出与福清元洪产业区港产联动，利用元洪产业区广阔空间作为港口的产业腹地，通过增加快速通道等方式，强化二者交通衔接，实现协调联动、统筹发展。建立"1+6+5"产业体系，依托松下口岸核心，重点发展六大主导产业，强化五项配套支撑（表2-4-1）。

松下—元洪片区产业体系　　　　　表2-4-1

	主要产业	具体内容
六大主导产业	食品加工	食品、饮料生产基地，咖啡、燕窝加工
	海洋渔业	水产品交易，海产品加工，海洋保健品
	粮食储备	粮食贸易，应急储备
	绿色矿业	金属加工，新材料
	轻工纺织	纺织材料制造，日化品制造、流通
	机械电子	汽车配件，电子材料，航运装备
五项配套支撑	现代物流	货物集散、中转
	临港保税	保税物流中心，进出口通关，边检防疫
	金融贸易	大宗交易，电子商务，总部办公
	邮轮旅游	港口服务，娱乐休闲，免税商品
	休闲度假	生态休闲，特色商业，滨海旅游

三、邮轮旅游发展实验区的规划探索

原国家旅游局批复邮轮旅游发展实验区时要求，福州邮轮旅游发展实验区要以推进完善邮轮产业政策体系、促进母港建设管理能力、提升邮轮产业服务质量、培育本土邮轮服务质量、扩大邮轮经济产出水平等方面为主要内容，在重点领域加强研究，探索试验，并与其他邮轮城市积极配合，为全国邮轮旅游又好又快发展不断积累经验。根据《福州邮轮旅游发展实验区发展规划》，福州邮轮旅游发展实验区将建设成为"海丝国际邮轮旅游中心，邮轮旅游创新发展引领区、东南沿海邮轮旅游枢纽门户以及海丝智慧型邮轮数字母港"。

空间规划结合福州自身特点，借鉴国内外邮轮旅游区发展经验，对福州邮轮旅游发展实验区发展路径和空间布局等方面进行研究，形成功能布局方案。参照世界邮轮经济发展的规律，邮轮母港周边功能布局呈现"圈层"布局：以邮轮母港为中心，半径1.5公里范围内为核心服务区，以邮轮靠泊、邮轮运营、港口服务、游客服务、"一关两检"等为主要功能；半径3公里范围内为邮轮经济区，这一区域为乘客下船后的主要游览区域，以住宿、餐饮、旅游、娱乐、购物、商务、交通等为主要功能；半径6公里范围内为邮轮经济辐射区，主要辐射滨海沿线，与城市空间发展联系紧密，以旅游交通设施服务和旅游信息服务为主要功能。

第五节　众创、灵活，浪花展露的特色小镇

在践行习近平同志提出的"数字福建"战略决策以来，福建省政府着眼未来，擘画了"数字福建"建设的宏伟蓝图，2010年12月"数字福建"十大项目建成开通，而其中的"数字福建产业园"，作为数字福建的重要承载平台落户长乐，此时东湖数字小镇应运而生。

一、数字引领，尽显东湖浪潮魅力

东湖数字小镇，是数字福建（长乐）产业园的启动区核心，目标是打造以数字经济为特色、产城人文融合的特色小镇。以"产城、产研、产教、产创、产展、产投"融合创新为模式，将数字产业与城市发展、研发、教育、创新创业、会展、投融资等要素有机结合，建设用地规划产业研发占比50%、酒店会展占比20%、住宅配套占比30%，吸纳1万多人就业居住。以此构建内部的数字产业集聚，外部数字产业引领的内外两大循环。

东湖小镇以数字福建（长乐）产业园研发中心、数字福建云计算中心为基础，引入VR产业为开端，逐渐形成以大数据、健康医疗科技、人工智能、区块链、虚拟现实等五大数字产业为主的产业布局。汇聚有微软、腾讯、阿里、华为、京东、小米、360等互联网高科技头部企业；电信、移动、联通国内三大通信运营商等数字经济领域的领先企业。2018年，东湖数字小镇成为首届数字中国建设峰会的官方合作伙伴，第二届峰会网络科技、数字健康分论坛在数字中国会展中心举行。数字引领，尽显东湖小镇的浪潮魅力（图2-5-1）。

在东湖小镇数字产业蓬勃发展的同时，生态保护与人居环境的打造也是重要的策略之一，充分利用毗邻大东湖、靠近海岸线的水系资源优势，将东湖湿地公园、亲水运动休闲场所纳入人居生态体系；商旅会展、休闲健康、智慧公寓，为小镇居民提供时尚化、智能化的科技人居体验；生态、创新产业、文化旅游共同构成宜居宜业乐活的创客中心，是

图2-5-1　规划总平面图
（来源：《中国东湖VR小镇创建规划》）

图2-5-2　效果图
（来源：《中国东湖VR小镇创建规划》）

滨海新城与产业空间融合的示范区（图2-5-2）。

目前，东湖数字小镇已连续三届成为数字中国建设峰会合作伙伴，与数字中国建设峰会的紧密合作，不仅大大提升了东湖数字小镇的品牌知名度，同时也加快了小镇数字经济的发展。2020年6月26日，东湖数字小镇入选"第二轮全国特色小镇典型经验"，荣获全国产城人文融合特色小镇典范。

二、创智教育，构建网龙磁力中心

网龙智能教育小镇是福建省第二批特色小镇，是全国首个以"互联网+教育"为核心基础的特色小镇，目标是发展成为面向未来的国际教育之都。小镇位于福州长乐国际机场北侧，依托网龙公司产业园区创建，拥有良好的产业基础。在编制小镇创建规划过程中，主要面临几个问题：一是特色小镇需要哪些功能，如何落位到空间；二是现状是以单一网龙公司为主体的企业园区形态，相对封闭，离特色小镇还有所差距；三是如何打造"产城人文"四位一体的平台。

创建规划创新提出产业小镇运营的"树状"模式（图2-5-3）：通过龙头企业"主干"吸引相关企业"分枝"共同组成小镇的核心，即生产部分；小镇的生态空间和生活配套则是支撑产业良性运营的"水土"，是产业小镇的基础；随着核心产业的发展，培训、会展、旅游等衍生产业也会出现，如同"虫鸟"，有助于扩大小镇影响力，同时反哺小镇发展，最终形成三生融合、多元复合的发展空间。

1. 龙头带动、人才汇聚的产业高地

编制过程中同网龙公司深入沟通，了解其作为小镇龙头企业的发展设想和思路，共同商讨产业生态发展可能性，提出小镇未来产业发展的提升建议。整合网龙公司现有教育产业，以"互联网+教育"为核心基础，着力构建集办公、实验、创客、体验、培训、会展、学校以及教育主题乐园于一体的教育产业化集群，在人才、资金渠道等多方面形成吸引力，并进

图2-5-3　产业特色小镇"树状"运营模式
（来源：《长乐网龙智能教育小镇创建规划》）

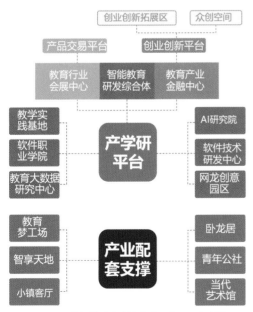

图2-5-4　网龙智能教育小镇产业平台和配套支撑
（来源：《长乐网龙智能教育小镇创建规划》）

一步丰富特色产业链。通过特色产业的发展和演进，催生旅游、培训、会展等衍生产业链，并且通过特色产业链和衍生产业链的相互作用，推动小镇进一步发展壮大（图2-5-4）。

2.三生融合、开放共享的活力小镇

小镇整体营造自然优美的生态空间，构建活力多元的生产空间，建筑宜居、宜业、宜游的生活空间。规划产业用地、生活用地和生态用地的构成为35：9：56。产业配套的支撑体系中包含卧龙居、青年公社、艺术馆、智享天地等智能社区设施，将产业研发、众创空间、教育梦工厂等产业空间与生活空间密切融合（图2-5-5）。

3.生态优美、人文荟萃的旅游小镇

依托独特的滨海森林自然生态景观和智慧教育科技文化特色，发展产业特色旅游，创建主客共享的"城市客厅"，建设穿林达海的休闲步道，打造融"国学传承、民族精神、红色文化、文学熏陶、科技体验"于一体的文旅品牌（图2-5-6）。

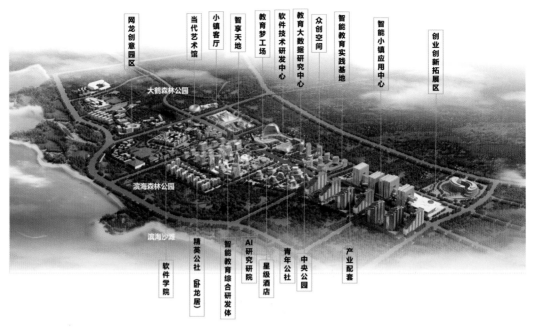

图2-5-5　小镇项目策划
（来源：作者自绘）

图2-5-6　网龙智能教育小镇效果图
（来源：《长乐网龙智能教育小镇创建规划》）

第三章

山水生态，森林之城

　　"莺飞草长两湿地，三山环抱一面海"，时任福州市常务副市长的林飞同志曾这样概述滨海新城的生态本底。滨海新城如何打造成为生态新城，如何协调新城建设和生态保护的矛盾，是新城规划首先面临的一个重要问题。彼时雄安新区的规划也已启动，"先植绿、后建城"是雄安新区建设的一个新理念，打造"蓝绿交织"的生态新城，是雄安新区设立伊始就定下的底色。为了实现蓝绿空间占比70%，森林覆盖率40%等目标，2017年11月，雄安新区启动了"千年秀林"工程，开展大面积植树造林。同时，还开展了白洋淀生态治理等工程，以实现"蓝绿交织、水城共融画卷"。

　　雄安新区先生态、后建设的规划建设理念，很好地指导了福州滨海新城生态建设。为了打造一个优于福州现状中心城区的生态城市样本，同时打造一个世界级的山水生态、宜居宜业的生态新城，2016年12月，由福建农林大学兰思仁校长组织策划专家研讨，明晰了在森林中建城，最大限度地保护滨海新城的生态本底的理念，策划编制《福州滨海新城森林城市总体规划》。总体规划编制团队由国家林业局城市森林研究中心、福州市规划设计研究院集团有限公司、福建农林大学共同组成。项目负责人由王成、陈亮、董建文等知名专家共同组成，技术力量雄厚。

第一节　认识山水森林城——走进滨海新城

　　森林城市总体规划开展后，首先深入现场进行调研，在调研后，发现了众多的生态资源，项目组逐步形成了打造山—田—城—水—林—沙—海森林城市断面的初步设想，为后期的规划的编制与深化提供了坚实的基础（图3-1-1）。

图3-1-1　滨海新城山—水—林—田—沙—海城市断面意向图
（来源：《福州滨海新城森林城市建设总体规划（2017—2030年）》，作者自绘）

一、脚步丈量——走出来的生态本底调研

"走，咱们徒步去调研"，项目负责人王成主任一声令下，我们开启了这场充满挑战的"森林之城"规划之旅。新城建设初始，这里还是一张白纸。林间小路，崎岖山路，田间阡陌，细软沙滩，纵横河网，很多生态空间对坐车调研并不"友好"，难以进入。说是嫌弃坐车看现场不够仔细也好，说是规划人的"初心"也罢，不知道从什么时候开始，以"脚步丈量国土"成了滨海新城规划现场调研的"标配"。

问题在于，规划要分析生态空间，需要在更大的范围内进行研究。滨海新城核心建设区86平方公里，规划范围188平方公里。为了保证生态空间延续的完整性，森林城市规划把研究范围扩大到长乐滨海新城第一重山沿线，总面积408平方公里。这意味着，森林城市规划的徒步调研比滨海新城内其他规划更加困难。

事后证明，这支由福州市林业局、国家林业局城市森林研究中心、福建农林大学、福州市规划设计研究院集团有限公司等专家团队组成的调研小组，"徒步调研"的口号不是随便喊喊而已。

这支团队中，有业界有名的专业大咖，有经验丰富的项目专家，有年轻有为的设计骨干，也有朝气蓬勃的青年才俊，这支共计27人的设计团队跋涉在这片水系交错、山海相拥、充满生命力的土地上，首期调研，步行就超过255公里，几乎深入每个重要的生态空间。大到董奉山、首石山、南阳山等重要山体，小到村落的风水林、古树名木，对生态资源进行了详尽而全面的调查。扎实的现状调研，为后续方案的形成、规划策略的提出奠定了坚实的基础（图3-1-2）。

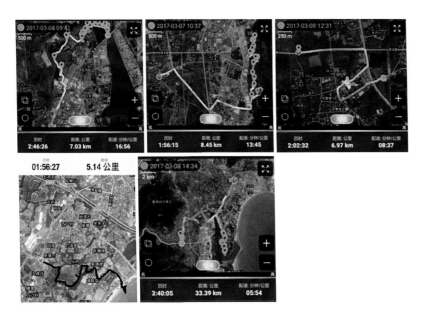

图3-1-2　调研线路图
（来源：《福州滨海新城森林城市建设总体规划（2017—2030年）》，作者自摄）

二、多样生境——媲美西溪的东湖湿地

新城建设初期，提到湿地，当时名气最大的当属闽江河口湿地。闽江河口湿地位于新城北部与马尾区交界处的闽江入海口，地理位置特殊。闽江河口湿地和周边近海海域是多种全

球濒危物种，尤其是迁徙候鸟的关键栖息地。闽江河口湿地位于候鸟种类和数量最多的东亚—澳大利西亚迁徙路线上，观测到的鸟类有313种，列入IUCN极危等级鸟类有5种，生物多样性尤为丰富。

在当时，闽江河口湿地即纳入生态保护红线范围，保护这一原则方向非常明确，其生态重要性上也达成广泛共识。闽江河口湿地是东亚—澳大利西亚候鸟迁徙区的关键节点，具有一定的代表性和典型性，符合世界自然遗产中生物多样性原址保护最重要的自然栖息地标准。日前，联合国教科文组织世界遗产中心正式公布："福建闽江河口湿地——海、陆生物地理区划过渡带"列入世界遗产预备清单。这标志着闽江河口湿地在申遗道路上迈出了重要一步。

相较于位于滨海新城最北端的闽江河口湿地，从区位的角度上看，东湖湿地位于滨海新城CBD核心区南侧，生态区位更加优越，对新城的生态服务功能更加重要。恰恰是这一后期被誉为新城"绿肺"的重要生态空间，在新城建设初期，其生态重要性被严重低估。比如，在上版长乐市城市总体规划中，东湖湖面被大量围填成建设用地。

首期调研后，项目组发现，即便东湖湿地公园周边，存在着大量的乱搭乱建、垃圾乱堆等环境问题，仍难以掩盖其良好的自然环境本底条件。东湖湿地内森林清新，湖光山影构成秀美的景色。区内动植物资源丰富，生长水烛、芦苇等大型湿地挺水植物，栖息成群鸬鹚、野鸭、白鹭等鸟类，具有原生态的湿地田园风光和自然野趣的湖汊景象，湿地景观保存较为完好。王成在看完现场后曾经兴奋地说："西溪湿地国家湿地公园，总面积11.5平方公里，东湖湿地南湖面积12.32平方公里，如果加上北湖（外文武砂水库）2.49平方公里，比西溪湿地还大，而且更靠近城区（西溪湿地距杭州城区5公里）。这个湿地太好了，我一定要把它保护下来，打造成新城最靓丽的生态名片！"

后来，东湖湿地生态本底调研团队先后组织数十次学科、综合性、全方位的生态环境本底综合考查，对东湖湿地公园规划区的植物、鸟类、鱼类、两栖和爬行动物、底栖动物、浮游植物、土壤、水质、养殖塘重金属含量以及景观特征进行了全面详细的调查、取样、分析和鉴定，编制完成东湖湿地《环境本底综合调查报告》及《生态—本底综合调查图集》。调查成果明晰了东湖湿地公园规划区的生态—环境本底现状，提供了大量第一手基础调查数据以及丰富的鸟类、底栖动物和植物资源的图集。更加证明了王成当时的"第一感觉"十分正确。东湖湿地的生态价值主要包括以下方面：

1. 东湖湿地公园规划区内生境多样，为南北迁徙的候鸟以及本地留鸟提供了丰富的食源，是鸟类的居住地、停歇地和越冬地，鸟类生物多样性十分丰富。

最初的调查中，项目组在东湖湿地发现的国家一级保护动物有中华秋沙鸭、东方白鹳等。通过2018年10月至2019年9月的调查，在福州东湖湿地公园规划区范围内共记录鸟类146种，其中，水鸟共67种，水鸟种类以鸻鹬类为主，多为冬候鸟。记录到国家二级保护动物11种，IUCN濒危物种等级近危物种2种，易危物种1种，濒危物种1种。鸟类Shannon-Wiener多样性指数为2.127，均匀度为0.454。大量迁徙鸟类从10月上旬陆续到达东湖湿地，11月下旬数量达到最高峰，12月上旬数量有所降低，1月份再次增加，随后逐渐迁离东湖湿地。东湖湿地是冬候鸟的栖息地，更是闽江口大区域难得的一个保存相对完好的鸟类栖息地（图3-1-3）。

　　2. 东湖湿地植物物种资源丰富，具有大面积的滨河、滨湖沼泽湿地，景色十分优美，是不可多得的湿地景观资源。

　　已调查确认维管植物74科166属202种，主要植被类型为浅水植被、沼泽植被、沙生植被、防护林植被等类型，主要包括凤眼蓝群落、水烛群落、芦苇群落、互花米草群落、象草群落、白茅群落、厚藤群落、海边月见草群落、木麻黄林、台湾相思林和湿地松林等。

　　以杭州为例，立市皆因山水，具有丰富的水系特质形态，以优雅动人的西子湖、宁谧天趣的西溪湿地为胜。西溪湿地是杭州城市内西部的整片水网沼泽泛称，内有水荡鱼塘11000多个，具有科学保护和合理利用的巨大价值。通过保护与利用并重的西溪模式，最终打造成湿地生态的保护区、特色文化的延续区、科研科普的实验区、生态旅游的品牌区、和谐发展的示范区。

　　福州滨海新城同杭州一样，具备丰富水系特质形态：溪、滩、河、湖泊、水库、港湾等，而东湖湿地更是大量人工湿地与自然湿地并存，生物多样性丰富，是重要的鸟类栖息地，有着极高的自然生态保护意义以及极大的休闲旅游开发潜力。东湖的总面积超过12平方公里，比杭州西溪湿地还大，且其深入滨海新城中心城区，是不可多得的城市湿地之魂。

图3-1-3　保护物种——中华秋沙鸭和东方白鹳
（来源：《福州滨海新城森林城市建设总体规划（2017—2030年）》）

在未来，通过东湖湿地建设展现东湖湿地的自然风光，适度提供旅游产品，并在规划期内建成东湖国家湿地公园，最终实现东湖湿地的保护与发展，打造大东湖湿地的人文与自然融合共生的总体效果，必然成为新城核心生态景观亮点与城市点睛之笔，实现"鸟类家园，留下落霞与鸥鹭齐飞的自然景观，形成碧水共林城一色的都市画境"的建设愿景（图3-1-4）。

图3-1-4　东湖湿地公园
（来源：《福州滨海新城森林城市建设总体规划（2017—2030年）》）

三、优质绵长——魅力原态海岸线

在福州人的心中，一直希望从滨江城市变成海滨城市。向海而生的福州，背后的意境里，一定会有一条蜿蜒曲折的海岸线，有细软沙滩，有伴着潮水的日出日落，有天上的风筝和孩童的笑容。在后来的意象解读中，大家认为，这条岸线可以对标成澳大利亚布里斯班的黄金海岸线。澳大利亚黄金海岸位于澳大利亚东部海岸中段、布里斯班以南，是城市型度假区的典范，拥有42公里的超长海岸线。城市中保留许多自然水系和山地森林，形成了山水相拥的滨海城市生态发展格局。从海边到市区再到郊区，整个城市掩映在树木与水系之中，森林、水网与现代建筑交相辉映，构建了海岸—城市—森林的生态构架，形成了分布均衡、有机连接、统筹发展的森林生态网络体系。

福州滨海新城与布里斯班同属于滨海城市，且城市格局极其相似，这条海岸线，北起梅花

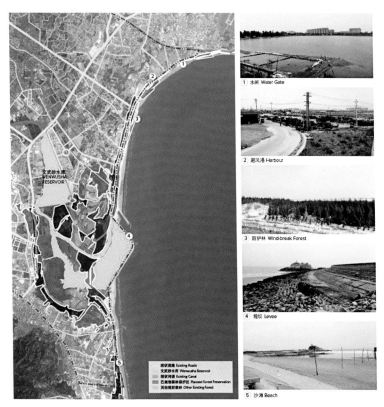

图3-1-5　核心区滨海海岸带现状
（来源：SOM《福州滨海新城核心区城市设计》）

镇、南至松下港松下码头，全长55.6公里。其中沙质海岸线43.6公里（核心区11.3公里），岩质海岸线12公里。场地滨海岸线类型丰富，包括水库、湖泊、木麻黄森林与沙滩。项目组希望，规划通过加强现有木麻黄森林条件，引入连续的沿海防风林应对自然灾害，提升城市的安全性。另外，如果借用现有的加上未来新建的公园，将海滩、公园巧妙地沿海岸设置，形成丰富的旅游资源，还能进一步带动沿海地块的开发。因此，福州滨海新城森林城市建设，完全有机会借鉴黄金海岸的建设经验，通过保护岸线的自然形态和沿海防风林带的建设，将海岸、沙滩、森林，与建筑结合起来，打造一条长达55公里的城市滨海风情带（图3-1-5）。

目前防风林带存在着包括部分地段防护林带残缺、老林带急需更新改造、宽度不足、现有防护林景观效果差等问题，亟需规划予以解决。

四、联通山海——密集浪漫的城市水网

滨海新城内水资源丰富，河网密布，现状水系主要由水库、河道和季节性鱼塘组成。密集的河网水系，为规划预留城市生态廊道创造了可能。城市生态廊道是指在城市生态环境中呈线性或带状布局的本底空间。这些水系网络，能够沟通连接空间分布上较为孤立和分散的生态景观单元的景观生态系统空间类型。比如加拿大当河河谷的河岸森林植被带就因为得到了很好的保护，形成了林水结合的自然景观带，从而有效地发挥了保护河流、连接城内外森林及湿地的生态廊道功能（图3-1-6）。

当然，现状河流岸线也存在很多突出的问题。比如区域河岸带的主要植被类型为草丛、滨海盐泽、人工植被三类，草本植物占绝对优势，并以单子叶植物特别是禾本科植物种类居多，而河流水系沿线与湿地周边竖向绿量相对而言较为缺乏，植物群落竖向空间形态不完整，缺

图3-1-6 核心区水系现状
（来源：SOM《福州滨海新城核心区城市设计》）

少良好的乔灌草结构，整体景观效果不够理想。

基于对滨海新城及其协同发展区范围内卫星影像图的解译分析，以及现场调查统计的结果，该区域范围内河流水系与湿地岸线的植被带空间存在较多的被挤占现象，建筑用地与农业用地对其侵占程度较重。数据分析统计表明，被建筑用地蚕食的河岸带、被农业用地蚕食的河岸带、相对保留完好未被蚕食的河岸带，三者分别占主要河流岸带长度的24%、60%和16%。

从建筑用地对河岸植被带蚕食来看，对河岸植被带蚕食最明显的为工业用地与居住用地两个类型，工业用地对河岸植被带的蚕食主要表现为工厂等建筑物或生产构筑物及其附属硬质用地直接连接水体；居住用地对河岸植被带的蚕食主要表现为居民建筑侵占河道或居民建筑通过架空等方式直接延伸至河道内部；建筑用地对河岸带的蚕食导致水体与陆地之间的河岸带几乎完全消失（图3-1-7）。

从农业用地对河岸植被带蚕食来看，蔬菜种植地对河岸植被带的侵占最为明显，蚕食后的河岸状态多表现为农田直接连接水体，或农田与水体之间残留部分较窄的草本植被带，也有少数地点尚残存少量灌木（图3-1-8）。

五、复合符号——多样化的生态文化名片

滨海新城所在的长乐市是一个准半岛，新城东部江海岸线绵延近50公里，白浪银沙，礁岩星布；西南群

图3-1-7 被硬化的河道
（来源：《福州滨海新城森林城市建设总体规划（2017—2030年）》，作者自摄）

图3-1-8 自然河道与人工垒土河道均缺乏绿量
（来源：《福州滨海新城森林城市建设总体规划（2017—2030年）》，作者自摄）

山环抱，奇峰秀石，尽染苍翠；山海间水网纵横，乡野田园，人文古迹星罗棋布。优美秀丽的山、水、林、田、海景观和长乐深厚的人文底蕴，既是体现福州滨海新城人文精神的绿色"图腾"，也是提升区域生态文明建设品位的载体，值得在新城建设过程中挖掘和利用，为新城居民提供认识家园生态环境、留下乡愁记忆的场所与契机。

通过实地调查和资料整理，规划区内生态文化资源总量丰富，分布广泛，类型多样，自然与人文交相辉映，生态文化建设潜力巨大。

规划区范围生态文化资源，可分为自然资源、人文资源两大类，具体包括（表3-1-1）：

规划区内自然资源、人文资源分布表　　　　　　　　　表3-1-1

大类	小类	资源分布点
自然资源	海滨	闽江河口国家湿地公园、鳝鱼滩湿地、石壁海滩、北澳海滨、海滨沙湾、南澳海滨、东湖滨海湿地（壶江泛月）、王母礁、下沙海滨旅游区等
	森林	董奉山森林公园、大鹤海滨森林公园、莲花山（五峰岚横）、龙角峰公园（龙角含烟）、猪脚山、石壁、胪峰山公园、象鼻山、牛角山（御国归帆）、龙潭晓瀑森林公园（龙潭晓瀑）、竹田岩、九龙山等
	地质	天池山（灵峰迎旭）冰臼群、闽江边冰臼群、三溪河谷冰臼群、南阳青天帽冰臼群、松下御国山冰臼群、江田水壅顶冰臼群、古槐竹田干马山冰臼群等
	溪泉	三溪湿地（屏嶂铺霞）、南洋湿地、莲柄港、陈塘港
	栖息地	重要湿地：闽江河口湿地、东湖湿地、南洋湿地、三溪湿地等 重要森林：董奉山、首石山、大鹤林场等
	其他	滨海风能资源、潮汐能资源
人文资源	宗教	玫瑰山庄、龙泉寺、灵峰寺摩崖石刻、漳港显应宫、竹林禅寺、西兴寺、锦鲤岩
	古迹	登文道、梅花古城（梅城弄笛）、九头马古民居、明教堂、龙峰书院、晦翁岩、蔡夫人庙、鳌峰岩
	特色乡村	江田镇三溪村、古槐镇青山村、屿北村、文武砂镇壶井村、潭头镇泽里村、汶上村、二刘村、岭南村
	民俗	三溪夜划龙舟、赛龙舟
	风水林	下洋村、过洋店村、洋乾村
	植物	古树名木、沿海防护林景观、青山龙眼林
	场馆	闽江河口湿地博物馆、董奉草堂等
	物产	长乐番薯、青山龙眼、福州茉莉、漳港海蚌
	公园	百福公园、壶井山公园、海蚌公园、樵山公园、海峡高尔夫球场、西湖公园、观湖公园、将军山公园、百榕公园、鳌潭公园

总体而言，滨海新城地域生态文化资源有以下特点：

一是生态文化资源类型丰富。规划范围内具有独特的山、水、林、海、石等自然生态文化资源，其中尤以海洋生态文化、湿地生态文化、森林生态文化资源为主要特色。目前山地森林景观多已进行了旅游开发，沿西部山体有龙潭晓瀑、董奉山、竹田岩、天池山、九龙山等景区景点，东部建立了大鹤海滨森林公园、庐峰山公园、龙角峰公园等自然公园。而绵长的海岸线和大面积的河湖湿地自然环境保护情况良好，但尚未进行旅游开发利用，具有很大的生态文化价值。

二是人文景观与自然景观相得益彰。长乐历史悠久，文化氛围厚重，人才英杰辈出，崇文重教，地方历来非常重视历史传统的保护与传承，因而保存下来一大批历史人文遗迹，主要类型有书院、宗祠、石刻、寺庙教堂、故居古建等。而医圣董奉、朱熹讲学、郑和航海、历代英杰抗倭抗日等历史名人或历史事件，更是滨海新城独有的精神财富。许多历史遗迹同自然景观资源相结合进行旅游开发建设，丰富了自然景观的人文内涵，自然与人文景观相得益彰。

六、应对挑战——迎战生态风险

1. 风灾危害

风沙来源主要为闽江口输沙。闽江是福建省最大的河流，年输沙量为1019.2万吨。其搬运的泥沙除部分沉积在河口区外，其余大部分入海后在沿岸水流和波浪作用下向潮间带运移并形成沙质海滩。由于当地盛行风以北东—北北东向为主，波浪方向也以北东—北北东为主，而长乐东部沿海由于紧邻闽江口南岸，故闽江口输沙为长乐海岸风沙地貌的形成提供了最主要的物质来源。

长乐东部多为宽阔低平的海积或风海积平原，北东向向岸盛行风及携带的风沙可以长驱直入，形成大规模的海岸沙丘带及其后的广阔平沙地。这些地区风速相对更大，成为风沙流运移的主要通道，发育面积广阔的风海积平原。风成沙除堆积在滨海平原外，还可覆盖于低缓的丘陵坡地上。

2. 雨洪危害

滨海新城属于结构性缺水城市，降水量大，但淡水留不住。降水多为暴雨，来势凶猛，现状河流源短流急，多年缺乏疏浚，排洪能力弱，缺少洪水蓄存能力，现有东湖湿地蓄洪能力受虾池鱼池等养殖业影响。

另外，随着新城建设，地面硬质化比例必然提高，一旦降雨，水只有通过排水系统如地下管道来排泄。相对应的是绿地的减少，树林、绿地具有截留降水、储藏水分和增加渗透功能的作用，没有绿地渗水，地面径流就永远集中到城市街道上形成积水、内涝。

3. 其他环境问题

水体环境污染问题：除农业面源污染问题外，河流水系沿线散布大量村庄，由于缺少污水处理设施，大部分污水处于无序排放状态，大部分生活性污水属于直排；生活垃圾随意堆放，威胁河流水质和景观。

大气环境问题：规划区范围内存有一定程度的燃煤、重油、渣油、木屑等高污染燃料锅炉的污染，同时工业氮氧化物、工业粉尘排放也较为严重；因规划区范围仍存在钢铁企业，钢铁粉尘污染严重；此外，加油站、储油库等油气回收治理力度较弱。

山体破损问题：现状山体被墓地侵蚀现象突出，墓地集中，"青山挂白"现象严重；区域内还存在着挖沙挖矿、采集土石方等现象，对区域内的山体破坏较大。

第二节　塑造山水森林城——总体规划战略设想

现场调研后，从指标博弈、理念坚持，到空间重构，最终在总体规划中形成"一核、两带、多廊、多园"的生态本底结构，将打造山—田—城—水—林—沙—海森林城市断面的初步设想转换成现实。

一、博弈——生态为底、建立生态骨架

经过详细的现状调研，将滨海新城全面建设成为森林城市成为共识。只有全面保护生态要素，才能留住生态本底。然而，更多的生态空间意味着牺牲建设空间，直接影响经济平衡。

由于森林城市总体规划和新城局部的建设审评一直处于并行阶段，"博弈"始终贯穿在规划方案形成的过程中。

第一个博弈，就是关于东湖湿地。无论是早期规划提出的占用湖面进行"经营性"开发，抑或是后期业主提出的"嵌入式"开发，关于东湖的保留与否，开发多少，几乎成为每次规划通过历程中的"焦点战役"。而将东湖湿地生态功能完整保留下来，也几乎成为项目组的执念（图3-2-1）。

第二个博弈，是要不要留足300~500米宽的沿海防护林？这些防风林带，在防风固沙、保护滨海新城沿海一线的生态安全方面，具有重大意义。但这些空间的预留，也容易压迫滨海道路和沿线地块的建设空间，影响经济效益。

第三个博弈，是水系和道路两侧绿地空间的博弈。为了形成良好的生态廊道，项目组提出需要在重要的水系边上单侧预留不小于50米的生态绿地，而主要交通通道也预留不小于25米的生态绿地，形成廊道骨架。

a《长乐海湾新城总体规划》　　　　b《长乐滨海新城下沙片区控制性详细规划图》

图3-2-1　东湖湿地规划方案前后对比图

　　正如开篇所说，新城建设终究还是建设行为，既然是建设行为，同生态环境保护即有难以
调和的矛盾。而这种博弈，本质上是生态环境保护同新城建设的矛盾，这些博弈，在项目的进
程中，有的坚持，有的退让。一次次不断的举证、设想，让项目的推进始终伴随着质疑和痛苦。

二、坚持——要打造世界级的森林城

　　经过了无数次的开会研讨，通过与先进地区的对标，最终逐渐明确，福州滨海新城的建
设要不留遗憾，要最大限度地保障生态空间，要打造世界级的森林城市。

　　那么什么是世界级的森林城市？

　　（1）世界级的森林城市，是保护原生山水格局，延续城市生态之美的城市。

　　比如前文所说的，澳大利亚的布里斯班，它拥有42公里的超长海岸线，被称为黄金海岸。

　　（2）世界级的森林城市，是贯通区域生态廊道，保持城市自然之脉的城市。

　　加拿大多伦多当河河谷的生态廊道在城市生态环境中呈线性或带状布局，沟通连接空间分
布上较为孤立和分散的生态景观单元。当河河谷的河岸森林植被带得到了很好的保护，形成了
林水结合的自然景观带，有效地发挥了保护河流、连接城内外森林及湿地的生态廊道功能。

　　（3）世界级的森林城市，是规划森林生态网络，建设百年森林之城的城市。

　　北京市城市副中心以"城市森林"和景观生态格局为依据，建立覆盖整个规划区域的
"全空间生态网络"。城区外围规划森林湿地、森林公园，城区内构建开放的滨水绿色空间。

这些都为滨海新城以城市森林为本底，以森林生态网络基础为骨架，构建城市生态品位提供良好的样本。

（4）世界级的森林城市，是利用自然湖泊湿地，塑造城市景观之魂的城市。

杭州西湖西溪生态文化区面积6.4平方公里，具有荒山野水的自然风味，天人合一的城市山水园林式风光。滨海新城同样具备丰富水系特质形态：溪、滩、河、湖泊、水库、港湾等。西溪湿地为东湖湿地发展成为城市重要生态空间、文化空间和休闲空间提供了良好示范。

（5）世界级的森林城市，是完善滨海游憩空间，铺就城市浪漫之路的城市。

福建东山岛常年受风沙袭击，其沿海防护林建设改变了防护林树种单一化局面，采用"木麻黄+绿化树"的沿海基干林带更新模式，优化林分结构实现物种多样化。珠海情侣路沿途分布着各具特色的海湾、岛屿和山峦，成为交通干道后，除重要景点地段建设滨海步行道和绿化带外，滨海界面凌乱，沿线景点（区）间关联度不强。

滨海新城同样具有受风沙害严重、风口立地造林困难、树种单一的问题，同样拥有广阔海域防风和滨海大道的建设要求，借鉴东山沿海防护林的建设和珠海情侣路的案例，在规划中充分考虑滨海界面的塑造问题，将滨海防风林与滨海大道打造成为一条具文化内涵，集旅游广告、休闲活动于一体的城市景观路。同时充分协调城市公园、街头绿地、防护林地布局，形成山水交流的景观廊道。

（6）世界级的森林城市，是打造花园都市景观，共享城市绿色之韵的城市。

在亚洲的高密度城市环境中，新加坡的花园城市与绿色建筑颇具前瞻性与典型性，人们在新加坡的城市中可以体验到丰富多彩的城市休闲娱乐空间和绿色生态景观建筑，体会集人文、自然、经济为一体的城市可持续发展模式，包括绿色、可持续的公共景观建设、公共绿色建筑建设、商业与居住建筑立体绿化等方面。

要打造世界级的森林城市，要对标雄安新区，以及伦敦、东京、巴黎这些国际上知名的大城市，就要在相关森林城市指标方面达到国内领先、国际一流。具体来说，这些核心指标包括：森林覆盖率大于37%，绿地率大于45%，人均公园面积大于25平方米，公园服务半径覆盖率和林荫步道率均大于100%，林荫车道率大于40%，自然水岸率大于80%。要打造世界级的森林城市，就必须符合这些指标；要达到这些指标，则要最大限度地保留生态空间（图3-2-2）。

瞬间，规划方案变得容易多了。举个简单的例子，传统规划方案中，截弯取直容易获得更加方正的用地形态，从而最大化土地利用价值。而森林城市总体规划曾经提出，自然河流及其河岸带是一个非常重要的生态系统，具有自我调节、自我恢复、安全稳定的重要功能和优美的自然风光与休闲游憩价值。滨海新城内的河流，要学习新加坡的加冷河，最大限度地保证河流岸线的自然形态，以获得生态价值的最大化。为了保障河流的自然形态，就需要绿

序号	指标内容	指标要求	计算方法	备注
1	森林覆盖率	≥37%	森林覆盖率=森林面积/188平方公里×100%	森林面积，包括郁闭度0.2以上的乔木林地面积和竹林地面积、国家特别规定的灌木林地面积、农田林网以及村旁、路旁、水旁、宅旁林木的覆盖面积
2	绿地率	≥45%	城市绿地率=各类绿地面积/188平方公里×100%	城市内湖泊、湿地，沿岸种植植物形成1000平方米以上的滨水公园绿地，或城市内部河流，沿岸（单岸）种植植物形成宽度≥30米的滨水公园绿地，水面面积＜滨水绿地面积的50%，水面全部计入公园绿地面积；水面面积＞滨水绿地面积的50%，水面按滨水绿地面积的50%计入公园绿地面积
3	人均公园绿地面积	≥25平方米	人均公园绿地面积=公园绿地面积/总人口130万人	
4	公园服务半径覆盖率	城区公园300m服务半径覆盖率100%	公园服务半径覆盖率=公园绿地服务半径覆盖的居住用地面积/居住用地总面积×100%	公园绿地服务半径应以公园边界起算
5	林荫车道率	≥40%	林荫车道率=达林荫道路树冠盖率标准的车行道里程/城市道路总里程×100%	四车道以下机动车道路树冠覆盖率≥50%；四车道以上机动车道路树冠覆盖率≥30%
6	林荫步道率	100%	林荫步道率=达林荫道路树冠盖率标准的人行道、非机动车道里程/城市道路总里程×100%	人行道及非机动车道路树冠覆盖率≥90%
7	自然水岸率	≥80%	自然水岸率=水体自然岸线长度/水体岸线总长度×100%	自然水岸指在满足防洪排涝等水工（水利）功能要求的基础上，岸体构筑形式和材料符合生态学和景观美学要求，岸线模拟自然形态，充分保护和利用滨水区域野生和半野生生境；岸线长度应为河流两侧岸线的总长度

图3-2-2 滨海新城核心指标图
（来源：《福州滨海新城森林城市建设总体规划（2017—2030年）》）

图3-2-3 自然原生态的河流岸线——新加坡加冷河
（来源：《福州滨海新城森林城市建设总体规划（2017—2030年）》）

地空间的支持，并且牺牲一部分的经济效益。而世界级的森林城市需要更多的绿地空间，使得这种为了追求河流自然形态所增加的公园绿地，恰好能补充到绿地指标中去，从而不被浪费（图3-2-3）。

三、重塑——山水森林城

有了指标的支持，东湖湿地得以完整保留，沿海防护林预留宽度的标准不被降低，加上河流和主要通道两侧的绿地空间、现状的郊野公园山体，都为山水森林城市的重塑提供了生态空间的重要保障。

在这些空间保障的基础上，总体规划提出了以山水林田湖的生态本底作为滨海新城的生命共同体和景观共同体，采取保护自然山水、增加福利空间、修复退化景观、突出亮点特色等规划对策，以构筑"山海相拥、林水相依、城乡相融"的城市森林系统，形成保护优先、生态建设与城市发展同步的新城建设新模式，重塑山水森林城市，把福州滨海新城建设成为自然山水、田园风光与现代都市交相辉映的国际滨海森林城市。具体的重塑思路包括：

（1）保护原生山水格局，延续城市生态之美。通过保护自然山水格局和打造滨海特色景观，使滨海新城成为一座具有连绵不断黄金海岸风情的世界级海滨林荫之城。

（2）建设贯通城乡、连接山海的水上绿道，保护城市自然之脉，使新城成为可以切换都市、海韵、山林、湿地、田园、乡村等六种生活的空间水网之城。

（3）通过保护和恢复东湖的自然湖泊湿地景观，塑造城市景观之魂，引领滨海新城城市生态文化空间和共享休闲空间，使滨海新城成为天人合一的城市山水园林的湿地之城。

（4）通过绿廊串联城市各类公园，以"一路一品"各色绿荫路铺就城市浪漫之路；通过沿海基干林带、滨海沙滩公园的建设，完善滨海游憩空间，构筑城市风沙之屏；打造花园都市景观，共享城市绿色之韵，使新城成为为居民提供双百覆盖生态福利空间的幸福之城。

（5）通过保护和营造具有福州地域风情的城郊田园风光，使新城成为一座延续乡愁田园景观的文化之城。

四、新生——"一核、两带、多廊、多园"

1. 划定生态红线、保障生态安全

滨海新城范围内生态空间主要包括森林、湿地、河流、滩涂、岸线等主要类型。本规划基于生态环境质量改善、水源涵养、生物多样性维护、水土保持、防风固沙、海岸生态稳定等生态安全功能需求，按照山水林田湖系统保护的要求，将规划范围内重要的森林、湿地、生态廊道、生态环境敏感脆弱区域划入生态空间保护红线，为实现一条红线管控重要生态空间提供有力支撑（表3-2-1）。

森林城市规划主要生态保护红线划定范围　　表3-2-1

	类型	名称	范围	面积（平方公里）	生态功能	用地要求
1	海岸潟湖	东湖湿地	十八孔闸以南，十七孔围堤以西，西北侧为沿海基干林带包围（含林带），北侧界限如图3-2-4所示的区域	11.59	调蓄内陆雨洪、抵抗台风暴潮、保护生物多样性、防范风沙侵蚀、缓解海水倒灌	科学规划分区，保护和修复海岸湖区现有森林植被，特别是保护好环湖周边现有防护林，丰富树种，提升景观效果，建设环湖景观林带，在对湿地生态系统有效保护的基础上，可修建一定游憩服务设施，并适度开展科研科普、生态旅游、休闲游憩活动，实现湿地的可持续发展。保护区范围内建筑用地面积不超过总面积5%

续表

	类型	名称	范围	面积（平方公里）	生态功能	用地要求
2	河流廊道	莲柄港—南洋北河廊道	河道两侧各50米以上绿化带，含河道水面	满足宽度范围要求	增加物种多样性、提供迁徙通道、调蓄雨洪、过滤地表径流	尽量依托现状河道线型进行控制，严格控制建设用地绿化退距，自然水岸率达到本规划建设指标要求，在有条件的地方河岸绿化带应尽量拓宽，建设以乡土水岸树种和植被为主的近自然河岸森林植被带，结合绿道网络、公园体系建设，充分发挥滨河绿色空间的游憩服务功能
3		福海河—文漳河廊道				
4		腊溪—南洋五河廊道				
5		南洋港道—南洋东河廊道				
6	通道森林廊道	机场高速	道路两侧各30米宽绿化带	满足宽度范围要求	减少风沙、降噪滞尘、吸收污染物、提供迁徙通道	选用乡土树种，林带种植、管理模式近自然化，树木组团疏密有致、高低错落，并形成一定季相景观
7		福平铁路	道路两侧各50米宽绿化带			
8		泽竹快速路	道路两侧各25米宽绿化带			
9		东南快速路				
10		青江快速路				
11		文松快速路				
12	沿海防护林带	滨海森林	新城范围内沿海强风区500米宽、弱风区300米宽	16.2	防风固沙	以人工造林和提升改造为主要建设方式，根据不同立地条件因地制宜地采用不同建设模式，使滨海新城海岸防护林成为兼具防风固沙、休闲健身、度假旅游等功能的绿色长廊
13	山地森林廊道	央霄山	山体森林植被	0.82	保持水土、涵养水源、减少污染、提高生物多样性	以保护山体植被为主，根据立地条件，逐步进行森林景观、森林质量提升，适当开发森林游憩功能
14		过洋店村山体		0.40		
15		半岭村山体		0.63		
16		虎头山		2.09		
17		旗山		2.41		
18		大王山		2.32		
19		锅帝山		2.49		
20		沟东山		0.22		
21		烟台顶		1.47		
22		麦朱山		0.38		
23		鹤石山		0.48		

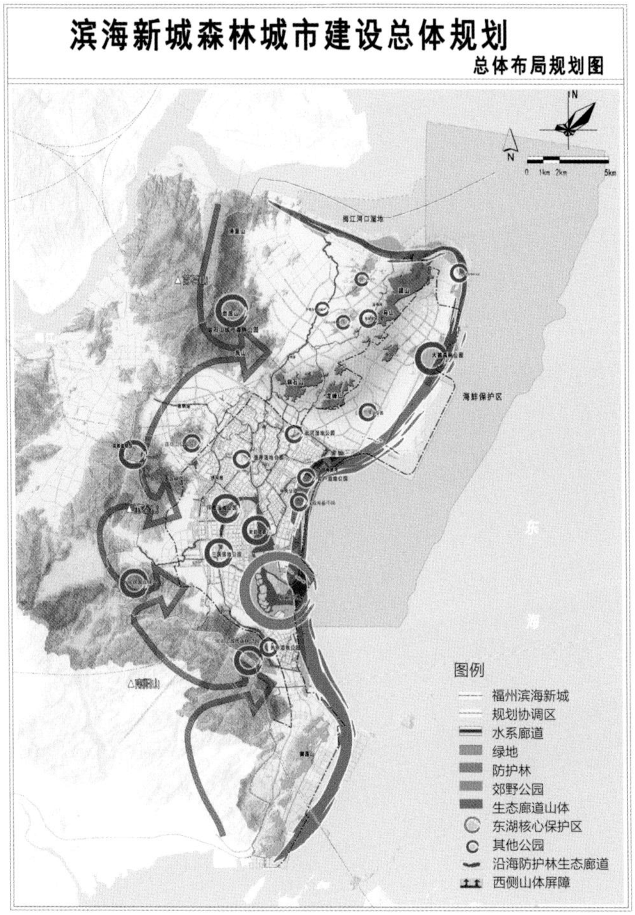

图3-2-4　滨海新城森林城市总体布局图
（来源：《福州滨海新城森林城市建设总体规划（2017—2030年）》）

2. 依托生态优势，形成总体布局

依据福州滨海新城发展定位和自然山水形态，综合考虑城市发展格局、环境质量状况、生态敏感区分布和社会文化等需求，统筹考虑新城森林城市建设总体布局框架，形成以"一核两带，多廊多园"为骨架的森林城市建设格局。至此，滨海新城森林城市生态总体格局得以新生（图3-2-4）。

一核：东湖湿地；

两带：西部城市背景的山地森林带，东部滨海森林景观防护带；

多廊：水系森林廊道，道路森林廊道；

多园：遍布全城的串珠式公园体系。

五、谋划——提出规划策略

通过划定滨海新城森林城市生态保护红线，确定了滨海新城主体生态功能结构后，项目组提出了主要的设计策略，主要包括：

1. 东湖保护与适度开发

东湖是滨海新城未来不可再生的珍贵生态资源，是未来城市格局与城市建筑中会呼吸的生态空间。要严格保护东湖湿地生物生境与生物多样性，保护三溪、石门溪、腊溪等汇水河流自然生境，实行湖面与汇水区沿线退耕退养、还湿还林，严格规避固定沙丘丘谷以东至东湖湿地水体范围内的建筑用地，适度开发固定沙丘丘背以西的土地资源，维系东湖原生元素，构筑东湖城市之肾、鸟类天堂、生态家园、新城之魂。

2. 沿海基干林带建设

海岸基干林带是沿海防护林体系的第一道防线，对长乐国际机场、城市建设和旅游开发都具有重要意义。要以功能需求为导向合理划定沿海基干林地的范围，加快基干林带改造更新步伐。在空间布局上，实现从狭窄、间断到200米以上不间断的基干林带；在结构组成上，实现从木麻黄单一防护树种、林带结构，向多树种、多层次、多功能、多效益的复合基干林带转变，使之成为滨海新城生态环境的绿色屏障。

3. 河流自然形态恢复

自然河流及其河岸带是一个非常重要的生态系统，具有自我调节、自我恢复、安全稳定的重要功能和优美的自然风光与休闲游憩价值。针对滨海新城河流被蚕食、渠化等状况，要进一步恢复自然河岸带，使一般河道河岸林带宽度维持在10～30米，骨干河道岸带宽度控制在50米以上；要保留河流的自然形态，加强水网的连通性；要增加滨河湿地，强化淡水资源蓄存、水体净化、生物多样性保护、休闲游憩功能。

4. 山地森林保护与提升

滨海新城西北部山地是城市重要的生态背景、生态屏障和生态后花园。要在保护的基础上，不断优化林分结构，营建具有较高美学价值和休闲功能的混交森林、五彩森林；充分利用现有森林资源，建设布局合理、功能完善的森林公园—郊野公园—城市公园体系，不断提升董奉山、大鹤、笔架山、花山建设水平，建好牛山、猪姆岭、胪峰山、石壁山、南阳山等山地森林公园。

5. 都市田园风光建设

都市田园风光寄托了都市人对乡愁生态景观的记忆，是都市人珍贵的精神家园。要合理保留新城发展中的乡愁景观和历史人文村落，延续长乐田园景观，重点保护好三溪村、青山村等地的乡村生态环境和自然风光，形成山、水、林、田景观交融，体现长乐地区传统乡村风貌与田园式乡村生态景观。

6. 城区绿量与游憩空间提升

构建完善的城区休闲绿地体系，实现居民区周边300米见绿见林，是构筑林荫化森林城市的基本要求。在滨海新城建设过程中要注重居住用地与城市绿化用地的合理布局，避免高人口密度与城市公园绿地高承载力之间的矛盾；针对公园绿地分布盲区，规划建设各类休闲公园绿地；注重区域内大中小型公园绿地的均衡布局，通过合理规划用地类型来提高公园绿地服务能力。

7. 生态文化传承与自然教育开发

森林、湿地、海洋等生态元素与长乐深厚的人文底蕴融合交织，既是体现福州滨海新城人文精神的绿色"图腾"，也是开展环境教育的"大课堂"。广泛借鉴国内外先进经验，依托闽江河口湿地、东湖湿地、郑和航海文化、妈祖文化、海防林等特色资源构筑滨海新城特色生态文化；依托董奉山森林公园、大鹤海滨森林公园、莲花山等森林资源，发展森林科普、森林康养与自然教育，达到每10万人拥有一个特色自然科普场馆的目标，逐渐形成滨海新城生态文化特色品牌。

六、行动——全面建设森林城市

森林城市总体规划通过后，确定了全面建设森林城市的主要任务，建设行动包括以下10个方面：

（1）城区公园建设：包括建设城市中央公园，利用沿海的防护林带，建设多主题的滨海城市公园；建设东湖湿地公园；建设"翡翠项链"的串珠型城市自然滨水公园带以及建设社区公园等内容。

（2）森林园区建设。加强各类园区绿化建设、增加园区内乔木种植的比例、增加中心绿地、增加园区内部及周边林荫道比例等方式，提高园区的树冠覆盖率。规划高新产业园区、工业园区树冠覆盖率＞20％。

（3）花漾社区建设。通过街头花园、花景街道、屋顶绿化、房屋花饰、立体花境等建设方式，引导花卉进城入户，打造国际一流的社区绿化景观环境，让市民生活在绿景鲜花之中。

（4）林荫街道建设。规划滨海新城范围内林荫道路比≥40％，结合滨海新城核心区范围的规划路网方案，打造十一条景观特色道路，结合滨海城市特色，打造"夏有片片浓荫，春开烂漫鲜花"的城市景象。

（5）滨海森林建设。结合滨海不同沿海岸段的实际情况，对沿海防护林带提出300～500米的控制宽度要求，分段分类进行相应的断面方案设计。规划滨海新城沿海防护林带建设将防护功能和城市森林生态旅游有机结合，营造防护能力强、森林景观丰富、群落结构稳定的多层次综合防护体系，使滨海新城海岸防护林成为一道兼具防风固沙、休闲健身、度假旅游等功能的生态屏障和绿色长廊。

（6）绿道网络建设。规划设计了34条绿道，包括一条省域滨海风情绿道、三条山林野趣绿道、一条环东湖亲水绿道、六条滨河休闲绿道、二十一条都市生活绿道。通过绿道串联滨海森林、郊野公园、城市公园、湿地公园等生态福利空间，并提出各类绿道的设计模式，形成公共空间网络，让居民更好地接近自然。实现绿道500米可达率70％，1公里可达率100％的目标。

（7）东湖湿地建设。规划立足东湖湿地地形与用地格局、植物与鸟类空间分布等生态本底，因地制宜对东湖湿地红线范围进行建设分区，分为鸟类生境保护区、湿地森林游憩区、芦苇自然景观区、自然风貌恢复区、水上观光游憩区、环湖森林保育区等区域。通过景观设计打造"鸟类家园，留下落霞与鸥鹭齐飞的自然景观；新城之魂，形成碧水共林城一色的都市画境"的建设愿景。

（8）生态廊道建设。规划对重要的河流生态廊道、山体生态廊道、通道生态廊道等提出了控制要求，提出河流生态廊道、森林生态廊道的具体建设方式，保障城市生态安全，有效提升自然景观的作用。

（9）森林公园与湿地公园建设。依托滨海新城丰富的山地森林与优美湿地景观，在原有森林公园和湿地公园的基础上，以生态、健康、养生为特色，按照"一山一品、一山一景、一山一特"的要求，规划生态康养主题、佛教园林主题、休闲健身主题、森林体验主题、科普教育主题的森林公园10个以及自然教育主题、山水风光主题、城市净水主题的湿地公园9个，使其成为滨海新城最具代表性的特色公园。

（10）山水田园建设。规划建设梅花、三溪、青山、二刘等产业特色鲜明、人文气息浓厚、生态环境优美、兼具旅游与社区功能、能体现当地传统乡村风貌与生态理念的田园式乡村生态旅游特色村镇，重点打造"田园风光、渔港风情、乡愁寻思、民俗文化"四大核心产业，积极探索森林、文化与旅游互融共赢的发展之路。

第三节　打造山水森林城——重点区域设计方案

在森林城市总体规划提出了具体的战略设想和十项建设行动计划后，为了打造山水森林城，设计团队开始对东湖湿地、沿海基干林带、串珠公园、林荫大道等重点空间进行详细方案设计。

一、国家湿地公园——东湖湿地、鸟类天堂

1. 项目定位

延续森林城市总体规划的设想，在东湖湿地方案设计中，要打造一个以保护生物多样性、展现丰富多元的湿地生境为基础，兼容生态、教育以及休闲等功能于一体的城市湿地公园，要打造一个属于福州滨海新城的国家级城市湿地公园（图3-3-1）。

2. 规划设计策略

（1）城市功能层面——聚合城市吸引力

方案提出，结合森林城市理念，综合周边产业布局，创造最优的滨海生态文化核心区。将景观、公共活动引入湖区，让湖区成为城市公共文化生活的展示舞台（图3-3-2）。

（2）生态本底层面——保育生态弹力

东湖湿地公园承担着蓄水、防洪、生产、物质交换、净化、生物栖息地等重要复合生态功能，是滨海海陆交界、面积最大的生态板块。在生态修复策略上，包括水系策略、栖息

图3-3-1　东湖湿地周边城市天际线图
（来源：《福州市滨海新城东湖湿地公园规划设计方案》）

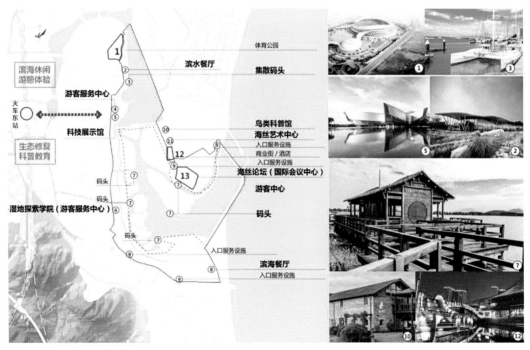

图3-3-2　东湖湿地功能策划
（来源：《福州市滨海新城东湖湿地公园规划设计方案》）

地策略、土壤策略、植被策略和风向应对等方面。

水系统策略上，一是可以退塘还湿，通过政府引导，将原有养殖鱼塘退塘还湿以恢复自然生态，营造湿地生境；二是可以进行分层净化，通过水闸控水，间歇性将海水引入湿地公

图3-3-3　东湖湿地水系统策略
（来源：《福州市滨海新城东湖湿地公园规划设计方案》）

园内，维持盐碱湿地生境；三是自身水生态系统构建，提升湖体稳定自持能力，并进一步改善水域生态环境。最终达到净化湿地的效果（图3-3-3）。

湿地与栖息地恢复策略，尊重由山入海的生态格局，留存山、田、林、湖、海等原生生态因素，修复农垦及围耕带来的生态损失，补偿多样的生态栖息地，平衡生境修补与人类活动，创造复合生态价值（图3-3-4）。

生态恢复策略一

对现状农田，鱼塘进行整合，重构，恢复生态，营造生境。

Integrate existing farmland and fish ponds, reconstruct, restore ecology, and create habitats

现状农田/鱼塘

整合、重构、沟通水系

浅滩及营巢岛

湿地草甸及水塘

沼泽森林

生态恢复策略二

在农田，鱼塘与水系之间营造净化湿地，淡水沼泽，减轻农业面源污染，营造生物栖息地。

Create clean wetlands, freshwater swamps between farmland and fish ponds and water systems, reduce agricultural non-point source pollution, and create biological habitats.

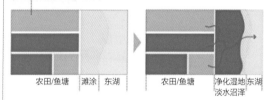

农田/鱼塘　滩涂　东湖　　　农田/鱼塘　净化湿地 东湖
　　　　　　　　　　　　　　　　　　　　淡水沼泽

生态恢复策略三

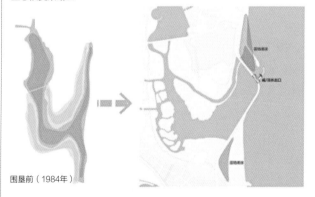

围垦前（1984年）

存在形式：淡水滩涂、半咸水滩涂、咸水滩涂，这是理想的海蚌生长存活基质。

Existence forms: freshwater tidal flats, brackish tidal flats, saltwater tidal flats, which are ideal seabream growth survival matrices.

严格保护十七孔闸附近海岸淤积地带，**进行半咸水/咸水滩涂的生态补偿**。

Strictly protect the coastal deposits near the 17-hole gate and carry out the ecological compensation for brackish/saltwater beaches.

图3-3-4　湿地与栖息地恢复策略1
（来源：《福州市滨海新城东湖湿地公园规划设计方案》）

另外，修复后的东湖湿地，能为各类生物提供栖息地，不仅是鸟类的天堂，而且是野生动物的天堂。各类动物在其中都能满足自身需求，产生完整的生物链体系，成为一个城市中的新自然栖息地（图3-3-5）。

在土壤策略上，引入固沙、保水固土能力较强的先锋植物，将湿塘景观与少量树岛相结合，以此修复土壤及水关系，逐步促进自然演替，恢复场地生态系统，营造特色沙地景观（图3-3-6）。

同时，可以通过工程手段局部抬高地形以培植客土，创造良好的种植条件；通过种植乡土耐盐碱地被及湿生植物，逐步改善土壤，打造盐沼景观特色（图3-3-7）。

图3-3-5　湿地与栖息地恢复策略2
（来源:《福州市滨海新城东湖湿地公园规划设计方案》）

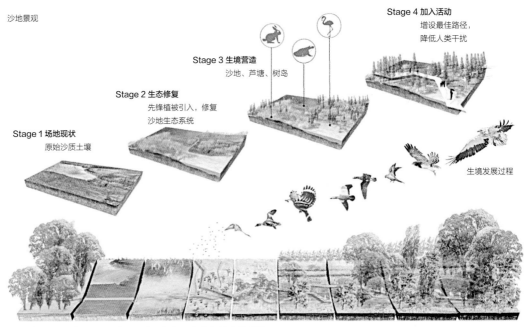

图3-3-6　土壤策略——引入固沙、保水固土能力较强的植物
（来源：《福州市滨海新城东湖湿地公园规划设计方案》）

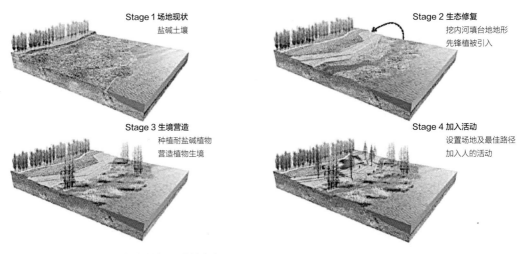

图3-3-7　通过工程手段局部抬高地形以培植客土
（来源：《福州市滨海新城东湖湿地公园规划设计方案》）

在植被策略上，构建以耐盐碱、防风性、耐风性植物为主的复合型植物群落，在改良后的生境中种植具有一定观赏性的植物。以河流、湖泊、沼泽、池塘等不同生境为依托，营造

多样性湿地生境植被群落，为场地自然演替创造条件，最终形成安全稳定的植被生态屏障。

另外，在东湖湿地中，还提出了景观与文化层面、旅游资源联动层面上的相应策略（图3-3-8）。

3. 概念与分区

东湖湿地公园的设计方案对森林城市总体规划的策略进行进一步深化，提出以下概念：

一是打开城市蓝绿轴线和视觉通廊；二是挖掘基地特色，营造不同主题的空间；三是形成多核圈层生态结构。

在分区上，提出三大功能分区：

生态保育区：该区域内不安排任何游览、服务设施，但可以在相邻边缘搭建瞭望塔、观鸟屋，以望远镜等方式观赏禽鸟。最大限度地控制各种人为干扰，禁止一切开发行为，以保护湿地生态系统的功能结构的稳定性和发展的可持续性。

生态缓冲区：为保护生态保育区的自然生态过程而设立生态缓冲区。在生态缓冲区内生态敏感性较低的区域，合理开展以展示湿地生态功能、生物种类和自然景观为重点的科普教育活动。区内除园务管理车辆及紧急情况外禁止机动车通行。在不影响生态环境的情况下，

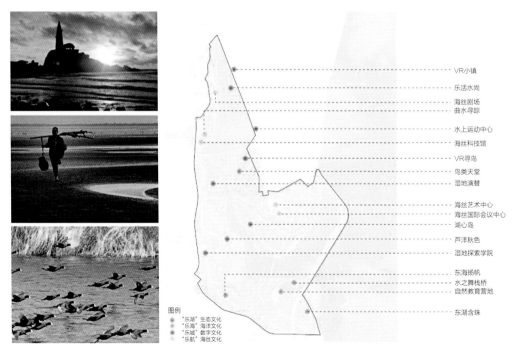

图例
● "乐湖"生态文化
● "乐海"海洋文化
● "乐城"数字文化
● "乐航"海丝文化

VR小镇
乐活水尚
海丝剧场
曲水寻踪
水上运动中心
海丝科技馆
VR寻鸟
鸟类天堂
湿地演替
海丝艺术中心
海丝国际会议中心
湖心岛
芦洋秋色
湿地探索学院
东海扬帆
水之舞栈桥
自然教育营地
东湖含珠

图3-3-8　东湖湿地景观与文化层面、旅游资源联动策略
（来源：《福州市滨海新城东湖湿地公园规划设计方案》）

景观规划结构
Landscape Planning and Layout

景观风貌分区：六区

海丝主题活力艺术区
湿地科普教育区
海丝国际会议中心区
原生湿地游赏区
防护林生态保育区
水上观光游憩区

海丝主题活力艺术区
MaritimeHaisi Theme Vitality Art Area

湿地科普教育区
Wetland Education Area

防护林生态保育区
Protective Forest Belt Area

海丝国际会议中心区
Maritime Silk Road International Conference Area

原生湿地游赏区
Native Wetland Tour Area

海岸线

水上观光游憩区
Water Sightseeing Area

防护林生态保育区
Protective Forest Belt Area

图3-3-9　东湖湿地景观分区
（来源：《福州市滨海新城东湖湿地公园规划设计方案》）

适当设立人行及自行车、环保型接驳车辆、环保型水上交通等不同游线必要的停留点及科普教育设施等。

综合服务与管理区：综合考虑公园与城市的交通衔接，将毗邻城市生活区区域设为综合服务与管理区，设立满足与湿地相关的休闲、娱乐、游赏等服务功能，以及园务管理、科研服务等区域。除园务管理、紧急情况外，禁止其他机动车通行。

4. 景观分区

在景观分区上，打造景观风貌六大区域，分别是海丝主题活力艺术区、湿地科普教育区、海丝国际会议中心区、原生湿地游赏区、防护林生态保育区、水上观光游憩区六大区域（图3-3-9）。

（1）海丝主题活力艺术区

分区面积约248.77公顷。分区是展示滨海新城城市形象的主要窗口，也是未来到访游客的主要集中区域，将起到承载游客集散、市民休闲游憩等功能。

设计方案拟结合现状水上运动等功能区，融入打造健身活动、滨水休闲、游船码头、儿童游憩、生态停车等功能区域（图3-3-10、图3-3-11）。

（2）湿地科普教育区

分区面积约为81.69公顷。位于十八孔闸南面，南临江田养老院（规划），西临湖西路，东侧为基地

图3-3-10　儿童公园效果图
（来源：《福州市滨海新城东湖湿地公园规划设计方案》）

图3-3-11　栈道平台效果图
（来源：《福州市滨海新城东湖湿地公园规划设计方案》）

鸟类较为集中的区域。现状用地主要为鱼塘、水体、果林、防护林、芦苇浅滩及零星分布的耕地。

现状池塘肌理明显，相互之间缺乏明显的联系，故设计保留鱼塘肌理，适当断开驳岸，使其与河道水系连通，形成连贯的湿地水系，再通过栈道将其串联，丰富单一的池塘景观，并作为湿地演替户外教育用地。同时融入增加湿地科普教育区、生态停车区、林下游憩区、湿地摇撸服务区、入口管理服务区、林下游憩区（图3-3-12～图3-3-15）。

原始鱼塘肌理

图3-3-13　湿地科普教育区效果图1
（来源：《福州市滨海新城东湖湿地公园规划设计方案》）

肌理梳理

图3-3-14　湿地科普教育区效果图2
（来源：《福州市滨海新城东湖湿地公园规划设计方案》）

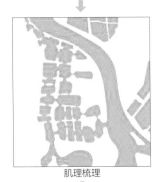

景观效果营造

图3-3-12　湿地科普教育区肌理营造策略
（来源：《福州市滨海新城东湖湿地公园规划设计方案》）

图3-3-15　湿地科普教育区绿道效果图
（来源：《福州市滨海新城东湖湿地公园规划设计方案》）

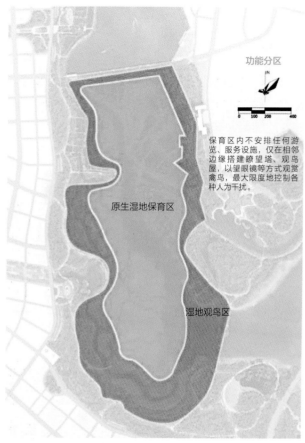

功能分区

保育区内不安排任何游览、服务设施，仅在相邻边缘搭建瞭望塔、观鸟屋，以望眼镜等方式观赏禽鸟，最大限度地控制各种人为干扰。

原生湿地保育区

湿地观鸟区

图3-3-16　原生湿地游赏区分区图
（来源：《福州市滨海新城东湖湿地公园规划设计方案》）

（3）原生湿地游赏区

分区面积约499.34公顷。北区位于十八孔闸堤岸南侧，北有乔木遮挡，西南有防风林挡风，内部鱼塘、芦苇纵横交错，是湿地鸟类避风觅食栖息的理想地带。南区芦苇成片，景观效果良好，飞鸟成群，底栖生物多样性高。

将现状单一形式的大片芦苇地赋予场地人文地域文化特性，将单一的大片芦苇湿地进行形式节奏感的梳理，连通河道，制造多处芦苇浅滩，为鸟类栖息提供良好环境，打造原生芦苇湿地游赏区。同时，在不影响鸟类栖息的前提下，在边缘区域，设置少量观景平台、观景栈道及观鸟屋，让游客近距离体验湿地鸟类生境，强化湿地保护意识（图3-3-16、图3-3-17）。

（4）海丝国际会议中心区

分区面积约51.75公顷。分区北临木麻黄防风林，背山面海，私密性强，景观视野良好。根据上位规划，区域内划有27.55公顷的建设用地，未来主要作为海丝论坛等国际性会议用地（图3-3-18）。

（5）防护林生态保育区

该区域处于海风敏感区域，设计上严格按照上位

图3-3-17　原生湿地游赏区观鸟塔
（来源：《福州市滨海新城东湖湿地公园规划设计方案》）

图3-3-18　海丝国际会议中心效果图
（来源：《福州市滨海新城东湖湿地公园规划设计方案》）

规划指导要求补植防护林，形成滨海新城核心区重要的生态屏障。同时，在林下及风速较低区设置森林游憩设施，提升其景观吸引力。环湖林带修复区域以沙生植被林带建设为主，包括与湿地松、台湾相思混交，呈带状或块状分布的木麻黄群落，虽群落类型较为简单，但对湿地的防风固沙、改善生态条件起着巨大作用。该片区通过补植抗风性强的基干树种为主，适度彩化乔灌群落，补齐林带，逐步更新老化残次林，以形成优美绵长的林冠线。基干树种选用木麻黄、马尾松；绿化树种选用湿地松、黑松、南洋杉、台湾相思、高山榕、大叶合欢等（图3-3-19）。

二、安全活力岸线——沿海基干林建设

滨海新城沿海防护林带是新城建设的第一道生态安全防护屏障，基于长乐沿海的岸线功能要求与生态基础，规划将防护功能和城市森林生态旅游有机结合，以人工造林和提升改造为主要建设方式，根据不同立地条件分段分类，因地制宜地提出不同建设模式，营造防护能力强、森林景观丰富、群落结构稳定的多层次综合防护体系，使滨海新城海岸防护林成为一道兼具防风固沙、休闲健身、度假旅游等功能的生态屏障和绿色长廊。同时，在树种选择上，通过多方论证，考虑到木麻黄的良好性能，最终选取木麻黄作为防风林带的主要树种。

沙质海岸线防护林划定：有防护林的海岸以现有防护林外侧林缘处为起点，向内划定300~500米的宜林地作为沿海防护林的建设范围（道路除外）；现状无防护林的海岸以路堤为起点，向内划定300~500米的宜林地作为沿海防护林的建设范围（道路除外）。500米防护林主要为200米宽木麻黄纯林、150米宽混交林、150米宽景观林；300米防护林主要为100米宽木麻黄纯林、100米宽混交林、100米宽景观林（图3-3-20）。

图3-3-19　防护林生态保育区效果图
（来源：《福州市滨海新城东湖湿地公园规划设计方案》）

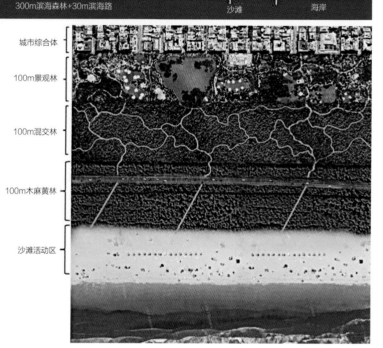

图3-3-20 沙质海岸线防护林剖面规划示意图
（来源：《福州滨海新城森林城市建设总体规划（2017—2030年）》）

岩质海岸线防护林划定：自海岸起至临海第一重山山脊以下所有宜林地为沿海防护林建设范围（图3-3-21）。

泥质海岸线防护林划定：以海岸线向外划定200米宽的滩涂区域作为红树林防护带建设范围（图3-3-22）。

CBD核心区主要为沙质岸线，通过设计优化，项目组进一步深化研究该区域的防风林带建设。分析认为，场地东边缘海岸特色鲜明，需要善用自然景观，并在新城、海岸和东海之间形成动态联系。除了美丽的海景和文化重要性外，东海还有两项不利的环境因素——东

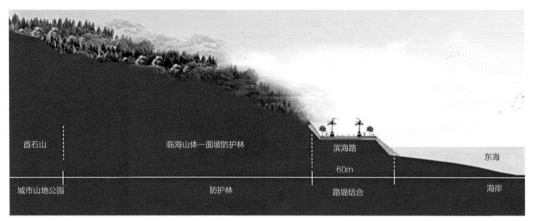

图3-3-21　岩质海岸线防护林剖面规划示意图
（来源:《福州滨海新城森林城市建设总体规划（2017—2030年）》）

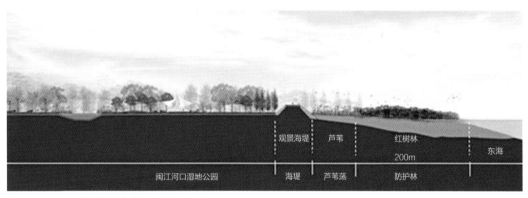

图3-3-22　泥质海岸线防护林剖面规划示意图
（来源:《福州滨海新城森林城市建设总体规划（2017—2030年）》）

北向主导风以及暴风潮，因此本项目需要考虑完善的防护措施。

防风林区的开发和管理将尽可能地保留现有树林，并在间隙部分植入树林，以创造出一道连续的防风林带。在地形上，规划提出创造更多样化的地形，以便为混合林区和景观公园区提供额外的防风措施。由于大面积的山坡与风向垂直，树林挡风效果更好，而斜坡也可以引导风向向上改变。在背风一侧，将有更多保护区设置公园和设施目的地。山丘还将引导雨水，在公园创造天然水景，并进行雨水管理。

另外，设计还注重交通流线和可达性，"波浪形"理念建议围绕建设区形成纵横交错的步道。山坡和山谷的斜坡为城市和堤防长廊之间的行人通道创造出良好的防风效果。横跨海岸走廊公园的主要汽车交通与风向垂直布置，与城市网格稍微形成对角。这样的布局创造了统一整个海岸线的鲜明特征，让人们在抵达滨海生态森林走廊时留下令人难忘的体验，同时也使海洋区与城市形成紧密的联系。

功能和活动100米的景观公园区被设想为一系列配套开放空间，为西侧各个社区和小区提供多样化的户外活动场所。这些公园可以提供娱乐场所，如锻炼和舞蹈广场、太极广场、游戏区和健身锻炼区以及适合骑自行车、慢跑和健行的步道和木栈道。其他功能包括区域植物园、观鸟区、放风筝和野餐的草地（图3-3-23）。

60米的景观步行长廊设计把道路和通道相对于中心线进行转移，以提供变化多端的体验，同时也结合交通缓行措施打造一个行人优先的道路环境。

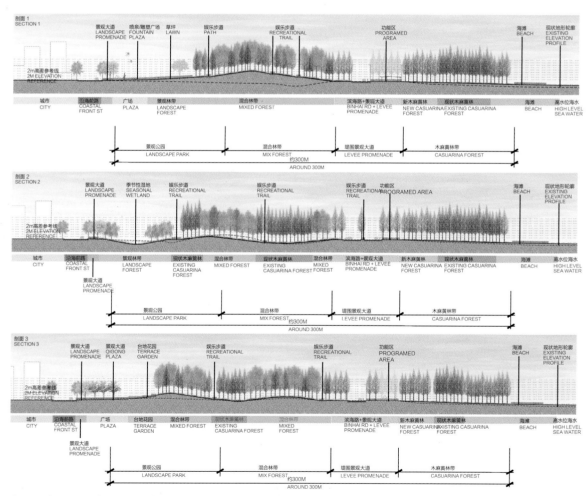

图3-3-23　CBD核心区重要断面防风林带设计策略
（来源：SOM《福州滨海新城核心区城市设计》）

三、共享福利空间——串珠公园

　　森林城市规划提出，构建多主题城市公园、滨海公园、串珠型的城市自然滨水公园和社区公园，实现公园服务半径300米全覆盖，人均城区公园面积大于25平方米的目标。通过完整的公园绿地体系、丰富的公园种类，体现滨海新城的地域文化特色。

　　区域内生态本底资源丰富，对区域内潜在生态福利空间进行300米服务分析（包括拟建设的城区公园、东湖湿地、郊野公园、主干河流沿线、带状公园绿地、沿海基干林带、山地生态廊道），以得到建设用地范围内社区公园建议建设区域。

　　社区公园建设应满足居住区的居民需求，充分利用住区周边闲置用地，运用良好的空间组织方式和风景写意手法，创造出水面、山体、植物、建筑相映成趣，空间丰富、景观良好的休憩游赏空间。规划建设应满足不同人群的需求，尤其要配置儿童游乐和老年活动设施。社区公园规划应符合最小面积的要求，其中居住区公园不得小于1.0公顷，小区游园不小于0.4公顷。这类公园的建设可以采用多种途径，由社会出资建设，并与小区游园一同在控制性规划和修建性详细规划阶段给予落实，与社区同步开发。

　　1. 城市中央公园

　　结合滨海新城CBD区，建设城市中央公园。中央公园设置在高强度开发建设的CBD区域，地理位置特殊。借鉴国外相关中央公园建设经验，在公园内主要设置大面积的绿色草地，同时综合配置各类灌木和乔木。

　　结合步行林荫道、休闲长椅，串联树木郁郁的小森林、庭院、溜冰场、回转木马、露天剧场、网球场、运动场、美术馆等设施，为身处闹市中的居民和游客提供急需的休闲场所和宁静的精神家园。

　　2. 滨海城市公园

　　建设多主题的滨海城市公园、打造风情旖旎的城市滨海休闲带。

　　结合滨海防风林带，在满足防风林防护面积的需求下，在内侧用地结合地域文化特色，设置多主题的城市滨海公园。主要主题包括以下几个方面：

　　（1）运动主题

　　结合得天独厚的滨海资源，打造集高尔夫休闲、滑水、滑翔跳伞、帆船航行、冲浪、驾驶汽艇及滑浪风帆等各项水上运动于一体的运动主题公园。

　　（2）城市休闲

　　结合滨海区的沙滩、酒店等条件，设置以城市休闲为主要功能的滨海主题公园，提供电影世界、街道漫游、海洋天堂、森林浴场、风味烧烤、大型草坪游乐场、健身娱乐区、草坪氧吧等多种城市休闲主题。

（3）创智启发

结合滨海区的景观风貌环境，利用边角地设置创智启发公园。利用景观设计的手段，打造艺术与文化交流的公共空间。

（4）城市文化

长乐别称吴航，因三国时东吴孙皓在此地屯兵造船得名。长乐是明代著名航海家郑和七下西洋的起锚地，历代人才辈出，唐宋以来出过陈诚之等九位状元，以及近、现代文坛泰斗郑振铎和冰心等。在滨海公园的建设中，结合文化名人，设置特色迥异的各类文化公园，形成滨海文化公园展示带。

3. 滨河城市公园

借鉴波士顿"翡翠项链"，结合滨水森林带，建设城市自然滨水公园带。在规划中尽量保证延续城市自然河道形态（人工取直的河道在河道两旁根据需要设置河岸公园），结合城市主干河道，在满足30～50米原生态自然驳岸的基础上，在外围或者河道转弯处结合实际情况设置城市滨水公园。充分利用新城滨水自然条件，配置类型丰富的水生植物。运用良好的空间组织方式和风景写意手法，结合丰富的亲水性植物，营造空间丰富、景观良好的休憩游赏空间（图3-3-24）。

4. 森林公园与湿地公园

依托滨海新城丰富的山地森林与优美湿地景观，在提高原有森林公园和湿地公园的基础

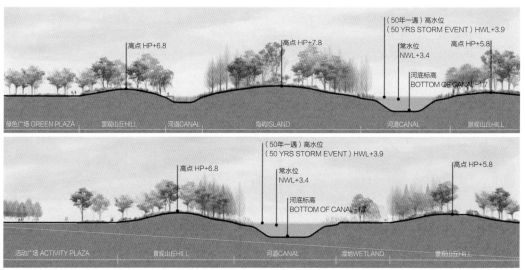

福海河公园
Fuhai River Park

图3-3-24　城市滨河公园带
（来源：SOM《福州滨海新城核心区城市设计》）

上，以生态、健康、养生为特色，按照"一山一品、一山一景、一山一特"的要求，规划生态康养主题、生态园林主题、休闲健身主题、森林体验主题、科普教育主题的森林公园10个以及自然教育主题、山水风光主题、城市净水主题的湿地公园9个，使其成为滨海新城最具代表性的特色公园。

5. 邻里公园与花漾社区

充分利用住区周边闲置用地，运用良好的空间组织方式，创造水面、山体、植物、建筑相映成趣，空间丰富、景观良好的休憩游赏空间。通过街头花园、花景街道、屋顶绿化、房屋花饰、立体花境等建设方式，引导绿化植被与花卉进城入户，打造国际一流的社区绿化景观环境，让市民生活在绿景鲜花之中。

6. 生态廊道与山水田园

规划对重要的河流生态廊道、山体生态廊道、通道生态廊道等提出了控制要求，提出河流生态廊道、森林生态廊道的具体建设方式，保障城市生态安全，有效提升自然景观的效用。针对特色鲜明、人文气息浓厚、生态环境优美、兼具旅游与社区功能、能体现当地传统乡村风貌与生态理念的田园式乡村生态旅游特色村镇，重点打造"田园风光、渔港风情、乡愁寻思、民俗文化"四大核心产业，积极探索森林、文化与旅游互融共赢的发展之路。

四、特色魅力街道——树种网络与林荫大道

1. 制定规划指标及树种比例：各类绿地建设注重乔木、灌木、藤本、花卉、草坪结合，以乔木为主，乔木覆盖面积占绿地总面积的70%以上为宜；原则上常绿与落叶树种的比例建议为10:2，草坪占绿地面积宜≤25%；乡土树种与外来树种比例建议为7:3，以乡土树种为主，外来树种原则上控制在30%以下为宜；速生与慢生树种比例建议为5:5。

2. 全面调查滨海新城范围内的各类自然资源，包括道路、河流、湿地、公园、古树名木等，综合分析滨海新城特殊的自然气候条件及风害等影响情况，选择滨海新城的适生园林绿化树种，以及满足园林建设的多功能、品种丰富的景观植物。

主城区的基调树种6个：榕树、雅榕、大叶榕、高山榕、刺桐、木麻黄（图3-3-25）。

骨干树种19个：南洋杉、异叶南洋杉、高山榕、刺桐、香樟、小叶榄仁、木棉、秋枫、朴树、榕树、大叶榕、麻楝、台湾栾树、杧果、大叶女贞、大花紫薇、海滨黄槿、羊蹄甲、木麻黄（图3-3-26）。

行道树种：以乡土树种为主，选用有观赏价值、材质优良、耐修剪、虫害少、抗性强的绿化植物（图3-3-27）。

沿海防护林带建设分为300米防护林模式与500米防护林模式，其中核心区段以300米

| 榕树 | 雅榕 | 大叶榕 | 高山榕 | 刺桐 | 木麻黄 |

图3-3-25　主城区基调树种
（来源:《福州滨海新城森林城市建设总体规划（2017—2030年）》）

| 南洋杉 | 樟树 | 小叶榄仁 | 木棉 | 台湾栾树 | 麻楝 | 杧果 |

图3-3-26　主城区部分骨干树种
（来源:《福州滨海新城森林城市建设总体规划（2017—2030年）》）

| 洋紫荆 | 黄槿 | 大叶女贞 | 大叶合欢 | 黄花风铃木 | 无患子 | 盆架木 |

图3-3-27　主城区行道树种
（来源:《福州滨海新城森林城市建设总体规划（2017—2030年）》）

防护林模式为主，规划300米防护林建设模式为：100米木麻黄（外侧，靠海）+100米混交林带（中间部分）+100米景观林带（内侧）。

3. 在调查基础上，基于生态学、园林学、群落学、风景美学、城市规划学等理论指导，根据滨海新城核心区绿化的总体布局，提出具有鲜明特色的植物种植模式，营造丰富的植物景观。

树种规划总体分为3大片区：滨海片区、东湖—漳江河周边片区、壶井山及河网周边片区，分别对应较差生境、一般生境及较好生境。通过适用树种抗风技术及应用，提出园林绿化施工管理及后期维护建议，最大限度地发挥滨海新城园林植物的多种效益。

通过特色树种的选择，结合近、中期重点建设道路，重点打造11条特色植物景观大道。

（1）花景大道

通过对特色道路塑造，打造滨海新城开花景观道的风貌特点，主要包括：

渡湖路——福建山樱花景观道；

道庆路——台湾栾树景观道；

壶井路——异木棉景观道；

金滨路——白千层＋红千层景观道（每年多次开花）；

漳东路——腊肠树景观道；

湖西路——羊蹄甲景观道（花期全年，3月盛花）。

（2）彩叶大道

通过对特色道路塑造，打造滨海新城随季节变化色彩的森林城市色叶景观道。

文松快速路核心区段——黄连木景观道；

沙尾路——花叶高山榕景观道；

滨海路——银海枣景观道；

东南快速路（核心区段）——无患子景观道；

尚迁路——芒果树景观道。

第四节　复制山水森林城——经验分享，多方交流

福州滨海新城森林城市规划及后续各项设计率先实现森林城市规划与城市规划同步，为国内首创。作为全国首个森林新城的先行样板，成果达到国际先进水平。在规划建设的同时，福州滨海新城也在探索可借鉴可复制的经验。

一、对标国际生态城市，各指标达标

通过森林城市总体规划传递到控制性详细规划，落实各项生态空间。项目组通过拼合控

规底图后，对最终的生态空间落实情况进行验算，判断是否达到国际生态城市的相关要求。

从城乡统筹的角度上看，在86平方公里左右的城市建设空间，目前留出了约8.79平方公里的林地（主要包括沿海防护林带）、4.08平方公里的湿地（包括东湖湿地核心区）以及11.42平方公里的水域，其中约有3.35平方公里滨海防护林将被打造成为滨海森林公园带，核心区内全部的湿地面积4.08平方公里，均为东湖湿地及主要河流交汇处湿地，未来将被打造成为市民共享的绿色空间。另外，根据城市公园界定的相关规范，部分水域处于公园绿地包围之中，可以计入公园绿地面积，若按15%比例计入，估算约有1.71平方公里的水域可计入公园绿地面积，则规划总计有18.74平方公里左右的公园绿地，人均公园绿地可达到27平方米左右，已满足森林城市提出的人均公园绿地面积25平方米的指标要求，并且超出了国家森林城市人均公园绿地11平方米的指标要求。

按城乡统筹，公园绿地+林地+湿地总面积为22.48平方公里，其他建设用地按城市规划正常指标赋值（居住用地按35%取值，公共管理与公共服务用地、商业用地、新型工业用地按30%绿地率取值，其余用地按25%取值估算），约有15平方公里的绿地，另水域面积以15%比例计入绿地，约为1.71平方公里绿地，则总绿地面积约为39.19平方公里，占总用地面积的45.60%。另外森林覆盖率按经验，在绿地率大于45%的情况下，扣除湿地等区域，亦可达到37%的指标要求。故本次规划初步方案通过空间落位，证实森林城市规划提出的指标可以达到。从国内外新城建设的具体实践上看，结合生态优先（"反规划"思想）的规划理念，在城市规划的初始阶段，留足生态空间，并落实到规划手段，从而将在森林里建设城市的美好愿景转为可控、可管、可落地、可实现的规划管理要求。

在生态控制线方面，目前主要交通线路均按森林城市规划要求，预留相应防护林带作为禁止建设的生态廊道空间。其中机场高速按要求单侧预留30米宽防护林带，福平铁路按要求单侧预留50米宽防护林带。其他快速路（包括泽竹快速路、东南快速路、青江快速路、文松快速路等）按要求单侧预留25米宽防护绿化带。

目前沿海防护林带后退距离保证300米空间，局部有条件区域适当放宽后退距离。规划保证了东湖区域的生态空间。在规划河道方面，尽量依托现状河道线型进行控制，同时按要求控制了绿化退距。对处于生态廊道的主要河流，规划不少于50米宽的单侧绿化带，并在北河、杨乾、南洋、山溪、百户设置5处滨河湿地。

二、全球分享——森林城市建设经验

2022年16日至20日，联合国粮农组织在意大利罗马举办第24届林业委员会会议和第六个世界森林周活动，福州市应邀参加了17日举行的城市和城郊林业高层对话活动环节，向与会各国嘉宾分享福州森林城市建设的特色和经验。

市林业局局长童桂荣在高层对话活动中代表福州市作经验介绍。据介绍，福州市是"山水之城""森林之城""幸福之城"。在推进森林城市建设中，福州坚持政府主导，大力实施城市绿色基础设施战略，着力构建以森林和树木为主体的城市森林生态系统，大力发展森林生态基础设施和森林生态产品建设，扩展生态空间，提高宜居水平，推动城市绿色发展；坚持把人人参与、共建共享贯穿森林城市建设全过程，通过各种形式活动，促使更多人认识森林生态功能、更多人参与森林城市建设、更多人享受森林生态福利。

目前，福州市森林覆盖率达57%，拥有森林旅游景点景区365处，全市每年参加义务植树达318万人次，义务植树尽责率94.8%。如今的福州，已形成林城共融、林居相依的城乡一体森林生态格局，营造了全社会关注、支持森林城市建设的良好氛围。

福州滨海新城是我国首个把城市总规定位为"森林城市"的新城。在森林新城建设中，实行严格生态保护措施，严守生态红线，保持地域原生山水格局和河湖形态，留住城市自然之美；同时，把森林、湿地、生态廊道等绿色基础设施与新城其他基础设施同步规划、同步实施，并使城市主要功能区块、主要景观和主要建筑物的设计与森林城市风貌紧密相融。森林城市建设理念被融入滨海新城建设全过程，提出"在森林中建城，先造森林再造城"的理念，开启了全国新区建设的先河，为我国新城规划提供参考样板，为我国高水平的森林城市建设提供生动案例。

联合国粮农组织林业部部长Simone Borelli对福州的做法和成效给予充分赞赏。他认为，福州市的实践，是为了森林生态系统更健康，让城市更好地发展；福州是中国森林城市建设的一个样板城市，对各国具有很实际的指导和借鉴意义。

联合国粮农组织持续关注福州森林城市建设工作。今年3月21日（国际森林日），联合国粮农组织发布的一本名为《森林与可持续城市——来自世界各地鼓舞人心的故事》专刊中，向世界各国重点介绍了福州市推进森林城市建设、实现可持续发展的典型案例（图3-4-1）。

三、项目实施

目前，滨海新城各项生态项目已开展实施，并取得预期效果。

1. 东湖湿地一期工程位于北东湖（北湖）西岸，约0.53平方公里，是福州滨海新城东湖湿地公园建设的先期示范性工程。因地制宜，尊重场地肌理，利用原场地沙堆，打造观湖制高点；原养殖塘通过退塘还湿，恢复湿地景观风貌；同时结合滨海湿地特色风貌、抗风树种选择，种植乔木1.6万余株，成为滨海森林城市建设靓丽的生态名片。二期工程位于南湖东岸，约3.67平方公里，以湿地水鸟栖息地营造、防风林改造为关键，打造一处集水

图3-4-1 《森林与可持续城市——来自世界各地鼓舞人心的故事》专刊
（来源：《福州日报》）

利调蓄、生态保育、湿地科普、休闲游览等四大功能为核心的滨海绿洲、自然乐园。三期工程位于南湖西岸，约5平方公里，建设包括湿地科普教育区、生态湿地观赏区、防护林生态体验区，并全面建成东湖湿地公园，最终愿景是打造新城之魂、鸟类天堂。

2. 核心区沿海防护林建设开展

自规划编制起，沿海防护林的现状摸底已全部完成，补种、换种已全面开展。核心区段沿海防护林一期建设已进入方案设计阶段，目前由福建省林业勘测设计研究院设计的初步方案已基本形成，明年的种植计划已经明确安排。

3. 闽江口湿地公园的建设与保护工作完成

长乐闽江河口国家湿地公园位于长乐市潭头、梅花镇闽江入海口处，这里自然环境优越，生物多样性丰富，稀有物种众多。目前闽江河口湿地公园的建设与保护工作、湿地博物馆建设工作等均已完成。

4. 特色村镇的规划与保护工作陆续展开

目前规划确定的梅花渔港风情小镇、青山乡愁文化小镇等村镇的保护规划均已开展。梅花渔港风情小镇已重点打造古城广场、渔人码头、将军山公园等景观节点。青山村目前已有青山贡果园、城市绿道等节点。

第四章

特色风貌，魅力之城

对于城市风貌特色，王建国院士做过这样的诠释：一座城市在发展过程中由历史积淀、自然条件、空间形态、文化活动和社区生活等共同构成的、在人的感知层面上区别于其他城市的形态表征。城市风貌既有由特定的自然地理环境等条件所决定的特征性因素，又有社会文化活动所决定的特征性要素，城市的外部形态表征是社会生活方式最直接的反应，也是最确切的记录[1]。

对于滨海新城来说，在保留原有的山水格局之下，如何体现城市的特色风貌，打造现代风格的魅力新城是在规划过程中最亟需解决的问题，对于此，最重要的莫过于续脉和营城。

续脉，保护优良的山水本底——显山露水，延续生态脉络。通过对滨海区域自然山水、地形地貌的总体把握，对片区视廊视点规划，保证重要山体轮廓可见，展示绿屏叠翠之美。通过对一般河道水体驳岸治理，使得一般滨河区成为亲水闲趣胜地，呈现清波涟涟之美；通过海岸功能景观规划，充分利用海岸资源，打造乐活海岸之美；通过东湖岸边控制，完善漫道游憩休闲设施，彰显碧湖潋滟之美；通过对湿地公园的项目策划，保护珍稀动植物，体现自然生态之美。

营城，遵循高点的城市定位——古风新貌，营造魅力新城。将地域特色融入城市空间营造中，梳理区内重要节点与要素、印象与风水，巧思利用点线面记录地方文化，将城市打造为区域记忆载体。重视古韵古法，通过宜人的尺度空间规划，提取传统建筑特色元素融入现代住区，营造悠然港城之美；积极纳新，通过各片区建筑风格、色彩、体量进行控制，对道路风貌、树种选择进行控制指引，体现新城独特气质。

第一节 特色风貌之城——山水格局彰显

山环海韵，水润慧城，漫步滨海新城，可以遇见美丽海湾、秘境湿地、叠嶂层峦，这里的开发建设致力于打造城市空间与生态空间有机融合的现代化城市典范。滨海新城正遵循着习总书记"希望继续把这座海滨城市、山水城市建设得更加美好，更好造福人民群众"的殷切嘱托，一笔一画勾勒着"绿屏叠翠揽文邦，清波涟涟绕港城，蓝湾展魅乐活岸，碧湖潋滟映慧园"的优美画卷。

福州城区四面环山，闽江、乌龙江横贯城区；在福州城区东南的滨海新城又是另一番山海盛景。"西有首石山、董奉山、南阳山环抱；东边是海蚌保护区，有12公里长的金色沙滩，有10平方公里的东湖，有丰富的河网"——时任福州市常务副市长林飞在福州滨海新城建设启动会上是这样介绍滨海新城优越的自然生态环境。在滨海新城建设初期，参与开发建设的管理者、规划师们走近海滨、登上山顶，用脚步丈量着每一寸土地，认真感受着山水相映的旖旎风光，一幅"城在山海中，山海在城中"的美好蓝图跃然纸上。

一、总体格局

以"山""海""城"为基础，滨海新城形成"一核两带，两轴三心三片"的景观风貌结构：以东湖湿地为核，联通西部山体、东部岸线两条蓝绿景观带，打造"行政文化轴""形象活力轴"两条城市发展轴线以及CBD、火车东站、下沙等三个景观中心，生活居住、创新产业、绿色工业等三个片区，突显这座海滨城市的山水格局，构建新城新区的特色景观风貌。

二、山体风貌

"重要格局性山体、区域格局性山体、公园山体"是滨海新城区域的主要山体风貌类型，国家级森林公园——董奉山，吴航十二景之一——首石山，红色文化、朱子文化汇集地——南阳山，构成了滨海新城西部生态脉络的重要格局，是城市风貌的基底；莲花山、牛角山、龙峰山是城市风貌的重要节点与天际线背景山体；壶井山山体公园则是山海视廊的眺望视点。

通过规划的管控，确保显露重要格局性山脊线段与城市重要景观视点的视廊；划定山体的本体保护范围、控制建设控制区域，严格控制区域格局性景观山体周边的建筑高度，以及城市山体公园即周边区域的控制保护，协调城市建筑形态与山地景观风貌。

三、水体风貌

滨海新城水系景观资源丰富，有着湿地、河道、湖泊、海洋等四大类型。东湖湿地、漳江河、东海等都是新城重要的城市景观界面。

在水体风貌打造与保护方面，我们结合相关规划对生态蓝线及保护绿线进行划定，并据此保护各类水体的生态环境。湿地采用生态护岸，临水面以大尺度的绿色开敞空间为主，点缀适当的生态建筑；河道与湖泊以人工与生态岸线结合的方式来打造美丽、活力、人文、生态的滨水景观休闲空间；海岸则注重生态保护修复实施建设，严格控制滨海城市天际线。在滨水、滨海界面的塑造中，我们采取了软化堤岸、控制滨水岸线建筑贴线率的方式来串联河岸开放空间，形成休闲海滨、活力滨海界面、湖滨都市文化流域。

四、建筑风貌

以显山露水，凸显海滨风貌为导向，规划通过对建筑风貌的引导来进一步强化山、水、城空间视觉关系和城市空间体验感知。建筑形式上，提取传统建筑特色元素，灵活运用于现代建筑之中，营造悠然港城之美；建筑风格、色彩方面，根据功能、区位等特点进行合理引导，体现海滨特色风貌，打造魅力新城之美。

第二节　特色风貌之城——城市形态塑造

一、中央商务区

中央商务区是福州滨海新城承担福州城区副中心功能的核心地区，是以金融商务、滨海旅游、商业娱乐、和谐宜居等功能为主的生态型综合发展区，是宜居宜业健康休闲的国际化新城中心。福州市委、市政府高度重视滨海新城中央商务区的规划编制工作，邀请了美国SOM事务所与福州市规划院来共同谋划该区域的城市设计工作，希望能够汲取国际一流商务区的先进理念和成功经验，通过建设功能完善、品质突出的中央商务区来引领新城的高质量发展。

1. 总体格局

这里"山、海、林、湖、草、沙"等自然生态要素汇集，有着建设山—海—城融合发展的现代城市典范的优良本底条件，城市设计工作以构建宜居宜业的氛围、激发滨海中心活力为主旨，目标是打造"新福州"生活、工作和娱乐的最佳场所。

城市设计方案围绕中央商务核心功能，形成以商务商业集中区、政务中心、文化中心、城市中央公园等功能集聚的中央商务区；打造以低密度的沙滩酒店群为主，面海临湖、层次丰富的海滨度假功能的北岸社区；依托滨海岸线、防风林带、海峡高尔夫球场以及南部的东湖生态湿地形成以生态型海滨宜居、度假功能的南岸社区；以壶井山体小镇为中心，融合传统文脉与现代特征的文化中轴社区（图4-2-1）。

2. 基于安全、舒适的设计理念

以城市安全为首要出发点，规划编制重点对风环境、洪涝灾害、地形条件等气候生态因素进行了分析，识别出了台风、风暴潮等灾害风险要素。规划团队与生态专家开展了详实的调查研究并对地貌、植被等情况进行了建模分析，推导形成符合场地特征的竖向高程、防风林带种植等实施策略；同时，结合日照、温度、风向等模拟结果，以保障环境舒适度为前提

图4-2-1　中央商务区总体效果图
（来源：《福州滨海新城核心区城市设计》）

条件，对建筑布局、道路朝向进行合理设置，打破了以城市形态为主导的传统城市设计手法。

3. 以TOD开发凝聚城市效力

遵循TOD开发理念，中央商务区以轨道交通廊道为骨架，串联福州城区与滨海新城，形成"东进南下"城市发展轴上珠链式开发布局。城市核心功能，商业、文化空间围绕轨道交通展开，居住与就业岗位沿轨道线路集约布局，创造活力高效的重点地段交通体系；中央商务区的核心区域规划了大型交通输配环，融合了城际铁路、地铁、机场候机厅、地下车行环路等地下枢纽、公交、车行等交通功能与地上的城市副中心金融、商业功能融合，凝聚城市效力。

4. 以丰富多彩的城市体验为目标

人气、活力是推动新城发展强劲的动力。中央商务区构建海滨湖滨、沙滩林带等多类型串联的生态空间系统与中心公园、滨水绿带、街头绿地形成的串珠公园体系，将大自然的活力引入城市之中；优化慢行体验、塑造人性化的街道尺度，提供节庆活动、文化交流的公共空间，引导休闲、交往活动在街头发生，增强城市渗透性；鼓励商务商服、休闲娱乐、文艺会展等复合功能的综合开发，为民众创造丰富多彩的海滨城市生活体验。

5. 实施情况

在城市设计的总体框架下，由华东院、上海市政院、日建、我规划院集团共同负责开展了滨海新城中央商务区输配环项目的方案设计，打造福州新区最具标志性的中央活力区。

方案通过地上地下一体化开发，将城市综合体、轨道交通枢纽门户、地下环路系统、滨海新城山海景观轴线等多要素完美融合，构筑榕树般生长的立体空间。规划213.8米高的地标双塔"中国印"与"茉莉花"，为纵览海滨城市之美创造绝佳的体验；中心公园，串联起福州城市发展的山海轴线，勾勒出城市与自然和谐共荣的生态画卷；地下区域规划四层立体基盘系统，涵纳城市航站楼、公交、地铁、出租车以及地下环路等，形成"公交优先、多元共享、便捷换乘"的交通体系。秉承"以城聚人、以城促产"的"城—人—产"城市运营逻辑，推动城市功能升级与产业升级，将助力这座东海之滨的城市新核心茁壮成长。

二、临空产业区

临空产业区是滨海新城重要的先进制造产业、创新示范产业集聚区，是区域重要的综合交通枢纽，是连接海内外最高效的节点。

《福州滨海新城临空经济区城市设计》中对临空产业区的城市风貌和城市形态做出了相应的控制和指引，从机场定位与产业发展特征出发，借鉴亚特兰大商旅聚焦型航空城定位、法兰克福和仁川物流聚焦型航空城定位、阿布扎比和汉堡产业延伸型航空城定位、阿姆斯特丹和香港综合发展型航空城定位，以聚焦主导产业功能为主，引领港产城可持续发展的功能建设导向、构建面向未来创新示范的空间组织模式。

产业区城市风貌的打造将地形、水系、生态林、自然和人文等重要的生态环境影响要素进行叠加，划定保障"山海城"的高质城市蓝绿基底。借力交通区位的优势，激活产业区自身的优势资源，构建满足功能要求的差异化单元组织模式。

整体设计为"一轴双心，两带兴城，绿廊渗透"的山海临空城和产城融合区。一轴即临空经济区产业发展轴，依托轴线串联南北产业片区，打造临空产业集群。双心即围绕南部生活服务片区与中部产业核心片区打造两个综合服务中心，以核心辐射效应带动周边地块价值，提高生活品质。绿廊即依托周边山系串联成生态主要廊道，并打造多条绿色通廊将山绿引入城中，打造生态产业新城，激活产城活力。其中，主要的城市形态塑造要点包括了功能建设导向、复合公共空间和空间组织模式三个部分。

1. 引领港产城可持续发展的功能建设导向

打造产城服务共享轴，往西，积极对接长乐市区、金峰镇，并充分考虑利用城市服务资源进行布局，实现产城整合；往南，依托滨海新城、大数据产业园产业发展需求，重点布局城市物流与生产性服务业，形成产业服务共享平台，通过功能的引导确认整体风貌分区。控制不同风貌分区的主色调、协调色调和凸显色调，分区控制建筑立面色彩和材质，以不同的建筑风格凸显分组的功能特点，通过色彩控制，与周边现状项目协调区域整体形象，从大区域层面控制宏观的城市形态分区。

2. 复合型公共空间，激活产城活力

围绕多维公共空间系统打造"生活服务、产业服务、研发服务"三大城市公共服务区，结合各层次人群需求，塑造包括教育服务、文体服务、社区商业服务、商办研发服务、产学研服务等公共性服务功能，打造复合型的公共交往场所。围绕公共空间，用"自然、创新、高效"来"酿造"的三种生活组团，对组团作出整体风貌引导的同时，对各类型建筑的色彩、第五立面等元素展开分类导控，以此对城市的重要节点的形态进行控制，保证中观层面上城市形态塑造的可控性（图4-2-2）。

围绕多维公共空间打造"纯享住区"；围绕产学研开展和架构工作生活一体化"创意soho"；围绕高端制造环境打造"效率社区"（图4-2-3）。

结合整体城市建设需求，沿主要城市廊道汇集城市开发建设成就，缔造文体中心、研发商办中心、创意中心等多元地标，塑造多元城市标志（图4-2-4）。

结合每个片区的主题功能，打造具有识别性的景观游园，呈现多样化、多层次的城市景观风貌（图4-2-5）。

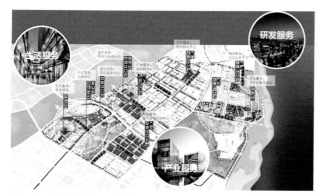

图4-2-2　公共服务区分布图
（来源:《福州滨海新城临空经济区城市设计》）

图4-2-3　各类住区分布图
（来源:《福州滨海新城临空经济区城市设计》）

图4-2-4 多元地标分布图
（来源：《福州滨海新城临空经济区城市设计》）

图4-2-5 景观游园分布图
（来源：《福州滨海新城临空经济区城市设计》）

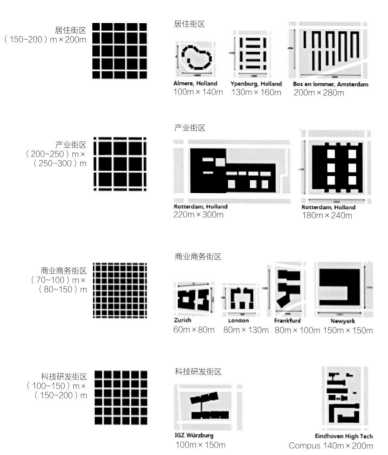

图4-2-6   各功能单元平面引导
（图片来源：《福州滨海新城临空经济区城市设计》）

3. 构建面向未来创新示范的空间组织模式

为应对市场及外部建设环境的不稳定性，在保证规划区整体结构及功能完整性的前提下，对各个片区进行弹性的单元式开发引导，以功能单元的概念，引导区内的土地开发。根据内部功能的侧重分为生态型、产业型、综合型、科研型、居住型单元五类。单元的规模以1~3平方公里不等。以单元为一个标准，控制单元的性质、强度、混合比例等发展指标。通过单元建立一个空间框架，实现以公共利益为导向的政府和开发商之间的合作共建（图4-2-6）。

通过对生产单元、生活单元、研发单元的形态引导，把握单元内的空间组织和形态塑造，构成整体空间形态的一个个细胞，形成独立的特色风貌，并塑造城市的微观层面形态（图4-2-7）。

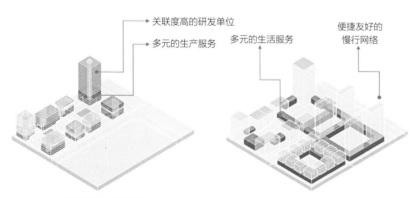
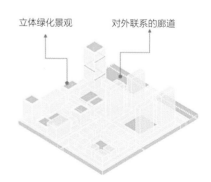

图4-2-7   研发单元构成示意图
（图片来源：《福州滨海新城临空经济区城市设计》）

三、下沙度假区

下沙片区是滨海新城核心区的重要组成部分，是滨海新城旅游和文化功能重要空间载体，是沿海文化旅游休闲功能带的重要组成。片区西靠南阳山，东面东海，北临东湖湿地，南接国家级邮轮旅游发展实验区，区内坐拥连绵的滨海黄金沙滩，坐落有由齐康院士设计的著名地标"海螺塔"（图4-2-8）。

下沙度假区在20世纪80年代建成后曾辉煌一时，每年七、八月间，每日到此消夏的人数以万计，最多时曾经达到日3万多人次，拥有"东方夏威夷""南国北戴河"的美誉，也是"老福州人"的美好回忆。之后由于经营管理不善、旅游项目单一、配套不齐、沙滩脏乱等原因，90年代后期逐步没落直至关停，成为遗憾。

本次设计借助全域旅游理念，以"山海相交、多元活力、滨海特色"的城市形态设计特色，将该片区建设成为区域旅游综合服务中心，凸显生态特色，复兴城市地标。通过旅居复合推动，实现"游、居、业"大融合发展。

1. 精准定位，融入全域旅游

下沙片区的城市形态塑造以实现度假区的复兴，打造滨海旅游文化新名片为目标。秉承"全域旅游"的理念，联动周边丰富的旅游资源，发展成为区域旅游综合服务中心。旅居复合推动，带动片区开发。以度假情境为吸引力，以高品质人居空间为竞争力，以高标准服务业为持续动力，打造完全功能的度假生活小镇（图4-2-9、图4-2-10）。

图4-2-8 下沙海滨
（林德兴摄）

图4-2-9　下沙片区功能组团分区图
（来源：作者自绘）

图4-2-10　下沙片区城市设计平面图
（来源：作者自绘）

2. 传承文脉，突显山水特色

城市设计充分利用海螺塔、凤母礁、南阳陈氏宗祠、天后宫和华光寺等文化旅游资源资源，传承和延续地方文化。依托沿海防护林带建设滨海森林公园，串联东湖湿地公园、滨海酒店群、沙滩，构筑沿海活力带。设计形成南阳山—海螺塔城市轴线，强化海螺塔地标景观，连通山海，组织城市公共活动（图4-2-11）。通过打造高质量的开放空间，创造难忘的海滨体验。以海螺塔为视点，控制眺望西侧南阳山的景观视廊，营造与山体背景和谐的城市天际线。通过圈层布局，塑造由海到山的多层次景观。功能上由滨海度假区—城市居住区—新镇发展区演变，景观上由海洋到山地过渡，空间形态上考虑建筑风格、高度、密度等的变化组合（图4-2-12）。

3. 挖掘资源，塑造魅力空间

山、海、湿地的三种界面包围，城市设计突出特色的滨海度假、生态居住、乡村景观资源，塑造滨海休闲度假旅游带和下沙滨海宜居区的"碧海"、田园村镇与灵峰迎旭的"青山"、山麓农田和东湖湿地的"绿泽"的现代度假区。滨海酒店希望尽量贴近一线海景，但防护林是保障生态安全的前提，规划将休闲、体育和文化等功能植入滨海森林，与滨海酒店共同构成活力滨海空间，以谋求滨海生态安全与城市活力的综合平衡（图4-2-13、图4-2-14）。

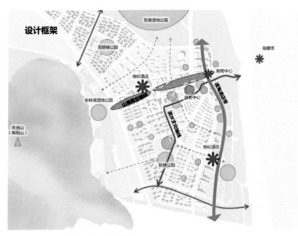

图4-2-11　设计框架分析图
（来源：作者自绘）

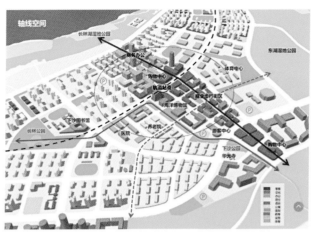

图4-2-12　山海活力轴线分析图
（来源：作者自绘）

图4-2-13　滨海酒店群效果图
（来源：作者自绘）

图4-2-14　海螺塔看下沙片区天际线意象效果图
（来源：作者自绘）

第五章

古今融贯，文化之城

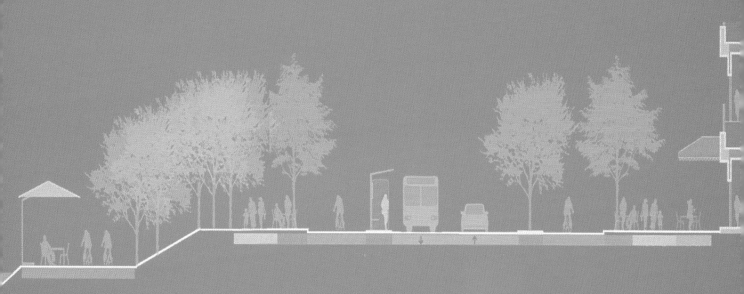

文化，是一个城市独一无二的印记，更是一个城市的精髓和灵魂。长乐枕山临江面海，与"航"结缘，从屯兵造船、郑和开洋、外出开拓到今天的滨海新城建设，"开拓、开放、包容"的文化基因一脉相承。滨海新城是福州城市空间从滨江向滨海跨越的落脚点，是地域文化从传统到现代演替的示范区，留住地域文化之根，留存与活化文化基因，构建独特的城市文化是滨海新城的历史使命。站在历史的新起点，滨海新城建设积极探索新路子、创造新模式，不仅坚持顶层设计创新，更将"大历史观"贯彻始终。

滨海新城规划建设启动之际就注重历史文化的挖掘与传承。2017年8月，福州滨海新城建设总指挥部牵头举办《长乐市文化保护与传承发展座谈会》，邀请福州市政协文史委员卢美松、卢为峰、杨凡、杨济亮、福州市文新局、时任长乐市（后撤市设区）政府副市长吴永忠、政协文史委员林锦飚、林俊成、林亭、陈彩满、蒋滨建、陈国榕，市委宣传部、市文化局、市规划局等相关部门和专家，从地脉、文脉、史脉角度梳理提炼长乐核心传统文化，实现保护有脉可循、传承有据可依。新城文化建设注重古之精神与新时代精神相融合，构建新城文化发展战略规划体系，为新城的特色文化空间建设提供指引，擦亮长乐文化元素和符号，彰显长乐"大爱开明、能拼会赢、开放包容、砥砺前行"的城市精神，营造"创新、活力、时尚"的新时代文化特色，增强滨海新城文化自信。

第一节　开洋海丝，文脉延绵

一、历史溯源

长乐，不仅拥有福山宝地、江海一色的地缘优势，还有悠久的历史和丰厚的文化积淀，自古有"千年古邑""海滨邹鲁""文献名邦"的美誉，亦是海上丝绸之路的重要节点。历史上的长乐在每个转型时期都肩负了重要角色，从而促成这座城市鲜明的文化底色（图5-1-1）。

1. 春秋至唐以前：千年古邑、航海之乡

春秋、三国、两晋时期，皆于长乐六平吴航头造船，长乐别称"吴航"由此而来。五代闽王王审知开辟甘棠港，海运大兴（一说其在长乐）。历史记载王审知下令凿去位于福州之北的黄崎海道中的梗舟之巨石，开辟了对外贸易大港甘棠港，同时开辟了福州对外贸易的航路。

2. 唐宋时期：海滨邹鲁、砥砺二刘

唐开成三年（公元838年）林鹍为长乐县第一个进士。唐乾符四年（公元877年）创

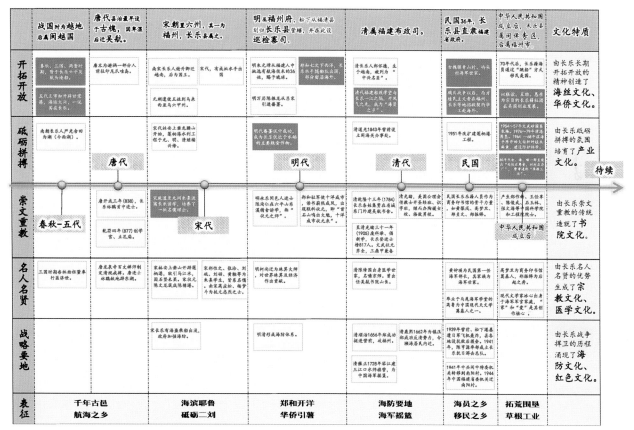

图5-1-1　长乐历史文化发展脉络及大事记
（图片来源：《福州长乐历史文化挖掘与传承专项规划》）

学宫、立孔庙。宋乾道元年（1165年）至庆元六年（1200年），朱熹流寓讲学于龙门、二刘、三溪、江田，培养了一批名儒硕士，宋郑性之、张洽、刘砥、刘砺、黄榦等皆为朱熹学生。

3. 明代：郑和开洋、华侨引薯

明永乐三年（1405年）至宣德八年（1433年），三保太监郑和奉使西洋，舟师累驻。古老的长乐与开放的世界联系在了一起。长乐水手随船队出国，部分留居海外。郑和驻军使十洋成市，读书蔚然成风，出现联科状元，即"首石山鸣出大魁，十洋成市状元来"。第一次首石山鸣在明永乐十年（1412年），郑和驻军十洋街（今胜利路），马铎状元及第。至十六年（1418年），首石山再鸣，李骐亦状元及第。明万历陈振龙从吕宋引进番薯。明代番薯试种成功，成为长乐仅次于水稻的主要粮食作物。

4. 清代：海防要地、海军摇篮

长乐东部海岸线长而曲折，多港湾岙口，海防地理形势险要，古今均有军队驻防，多军事寨堡，是福建乃至全国古代沿海抗倭及近现代海防转型的见证。宋长乐海运兴、海盗起，政府加强海防。明清长乐形成海防体系。明朝弘治三年（1490年）始建长乐县城，并建梅花城、蕉山城、松下城、垄下城、水师城等。明嘉靖（1562年）倭寇窜扰。戚继光屯兵营前抗倭。清顺治（1656年）郑成功挺进营前，攻福州。清康熙（1662年）为镇压郑成功反清势力，令濒海居民内迁。清雍正（1728年）琴江建三江口水师旗营，为中国海军摇篮。

5. 近代：海员之乡、移民之乡

长乐具有"以海为业、操舟为田"的传统，是中国最古老的航海出国门户之一。宋代即有成批水手出国。晚清时期建立的福建船政学堂与长乐一江之隔，开风气之先，使得长乐人民转型为现代海员，成为"海员之乡"。鸦片战争以后，西方殖民主义者在福州、长乐等地招收契约华工赴海外。民国初到20世纪70年代，长乐籍海员遍布从新加坡到大连港的海域，70年代末以前中国大陆与美国不通航运，这些海员通过"跳船"的方式成为第一批长乐籍美国移民。

6. 现代：拓荒围垦、草根工业

1954～1957年，文武砂围垦农场，围海造田，种树治沙，开办农场，发展生产，齐心协力，艰苦创业，文武砂逐步战胜困难，莽莽沙碛的荒滩变成了风景迷人的海滨平原。

1971年，莲柄港改造工程启动，莲柄港为长乐母亲河，自宋代开始开凿。莲柄港水网分布于航城、鹤上、漳港、文武砂、古槐、江田、潭头、金峰、文岭、湖南、梅花等乡镇。莲柄港灌溉所及的地区，已成为长乐粮食基地。

20世纪80年代金、梅、潭一带呈现出"处处在筹资，村村在办厂"，费孝通称"草根工业"。早期去往海外谋生的长乐人非常之多，积累资金之后，便开始实业领域的投资，"一黑一白"（"黑"指钢铁，"白"指纺织）则是他们主要的投资领域。纺织业的工厂主要在本地，而钢铁输出资本，在全国各地落地。

二、文化特质

在长乐近两千年历史进程中，一代代立德、立言、立功的长乐人不绝于史册，激荡形成多元的地域文化和人文精神。如今在滨海新城这片热土上，孕育成独具魅力的文化特质。聚焦滨海新城的过去与未来，通过与社会各界互动，举办专家座谈、现场咨询，吸纳福州市政协文史委、长乐政协文史委整理的关于长乐历史文化传承与保护研究成果并科学论证，可将滨海新城的文化特质总结为五大方面，分别为："郑和开洋"催生出的海丝文化、"海滨邹鲁"教化出的人文情怀、"拓荒济世"涵养出的创业激情、"砥砺德成"传承出的拼搏基因、"开放包容"铸就出的城市特质。这些文化特质深植于这片福山宝地，吸引着无数新城人来此扎根追梦，继续引领着新城风尚[2-4]。

1."郑和开洋"催生出的海丝文化

郑和七下西洋长达28年的航海历史中，其庞大船队在长乐"累驻于斯、伺风开洋"，进一步开拓了福州人的视野，强化了福州人的海洋意识。福州长乐港口能够承担郑和七下西洋的停泊地，与福州港的造船技术与航海人才有着密切的关联。

郑和下西洋，扩大了对外贸易，到南洋地区的长乐人不断增加，分布在印尼、婆罗（文莱）、暹罗、吕宋等地，成为中外文化交流的推动者。例如，"中国甘薯之父"陈振龙（长乐鹤上镇青桥村人）于明万历年间将番薯从吕宋岛引入，不仅解决了福建因山多地少、水旱灾害导致的饥荒问题，也使番薯的种植影响到全国，具有良好的经济效益、社会效益。

2."海滨邹鲁"教化出的人文情怀

后汉三国有董奉医术高明、医德高尚，与南阳张机、谯郡华佗齐名，并称"建安三神医"，他对所治愈病人只要求在其住宅周围种植杏树，日久郁然成林，后收杏易谷，赈济贫穷，被尊为"杏林史祖"，祀为医神。长乐是宋大儒朱熹游历讲学之地及其弟子黄榦、刘砥、刘砺的家乡，以二刘、三溪历史文化名村最著，有"凤岗二刘、砥砺德成"之说。朱熹在长乐办学，倡导了好学之风，奠定了当地的人文风气。明代郑和驻军使十洋成市，读书蔚然成风，出现了马铎、李骐等状元，所谓"首石山鸣出大魁，十洋成市状元来"。近代又有黄葆戉、高梦旦、郑贞文、郑振铎等长乐籍人员为商务印书馆的发展作出了巨大贡献。

3."拓荒济世"涵养出的创业激情

早在民国时期，长乐"营前模范村"便是中国近代乡村建设运动的最早试验区。作为福州滨海生态的核心区域，长乐文武砂地处东南海隅，早先是一泓海湾，于20世纪50年代开始围垦壮举，用双手托起产业乐土。20世纪80年代，以纺织业为代表的长乐乡镇企业崛起，经济学家费孝通在考察时用"草根工业"对长乐经济发展模式作出精辟概括：长乐乡镇企业像草根一样，漫山遍野、生机勃勃，在改革中捷足先登。金峰镇更是被其称为"中国草根工业发源地"。

4."砥砺德成"传承出的拼搏基因

长乐近省会福州，又临近大海，富有闯荡精神。晚清很多长乐人到一江之隔的福建船政学堂学习和谋职，从传统的"操舟为业"者转型为现代海员。20世纪70年代，"海员之乡"的传统使长乐人开辟了通往美国的渠道，出现拼搏在域外的新风尚。在长乐千年古邑的厚重历史中，涌现出众多在政治、经济、文化、科学等领域多有建树的人物，长乐人从来不缺矢志不移、丹心一片的爱国情怀，其拼搏精神与爱国传统一脉相承。

5."开放包容"铸就出的城市特质

长乐，取长安久乐之意，因其海洋文化特质，有着包罗万象、兼容并蓄的社会环境，作为福州的开放门户，长乐处于长江口与珠江口海岸的正中，邻省城近台湾，"前揖平原，后负崇冈，沧海环其左，双江拱其右……虽东南之边疆，实闽邦之名邑也。"长乐人"出则兼济天下，归则反哺桑梓"，与福州"海纳百川、有容乃大"的城市精神一脉相承，这里乡情凝聚，多元文化交融，乡土风情感染人心。

第二节　融古通今，砥砺德成

习近平总书记指出，中华优秀传统文化是我们最深厚的文化软实力，也是中国特色社会主义植根的文化沃土。纵观各大国际都市的发展历程，文化作为影响城市发展的核心要素之一，其所具有的变革性力量及其在激发、表达和融合城市潜力方面的作用已获得广泛共识[5, 6]。

长乐这座千年古邑，从大吴越时代、新宁时代、吴航时代一步步走来，迈向今天滨海时代，将古都营城智慧和文化自信继续根植于滨海新城的建设，以大文化视野为引领，联系城市发展的各要素，构筑滨海新城文化传承体系，全方位推动新城文化发展，提升文化软实力与综合竞争力。

一、千年古城，十邑存珍

历史文化遗产是城市的历史印记，更是城市重要的潜力资源。千年的历史发展，在长乐这片福山宝地之上孕育了深厚的城市精神，更留下了丰富、多元的文化遗存。（图5-2-1）。

长乐拥有1个中国历史文化名村（航城街道琴江满族村）、1个省级历史文化名镇（梅花镇）、2个省级历史文化名村（江田镇三溪村和潭头镇二刘村）、1个历史文化街区（长乐和平街历史文化街区），还有包含3处全国重点文物保护单位、5处省级文物保护单位、7处市级文物保护单位、77处县区级文物保护单位及218处未定级文物在内，共310处不可移动文物及111处历史建筑、500多处历史文化要素。

在长乐全区范围内，对300余处不可移动文物、500多处历史文化要素进行梳理，将遗产按类型分为海丝遗产、宗教遗产、教育遗产、海防遗产、红色遗产、名人故居遗产、民俗文化遗产。19处海丝遗产点由码头、航标等构成的航海设施遗存以及海上航行所特有的海神祭祀场所组成；18处宗教遗产点分别由体现儒释道与海洋信仰的寺、庙、祠组成；21处

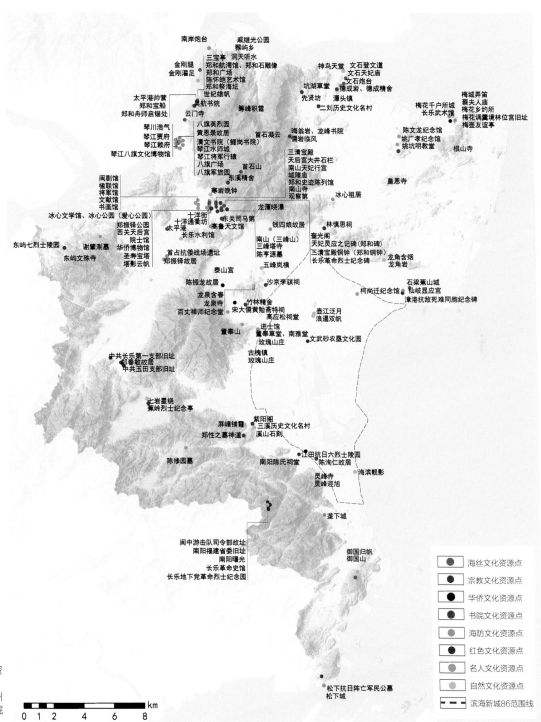

图5-2-1　文化资
源点分布图
（图片来源：《福州
长乐历史文化挖掘
与传承专项规划》）

教育遗产点由重要建筑物、历史环境等教育场所以及与教育活动相关的社会活动场所三大类组成；9处海防遗产点由明清时期的卫所城、炮台、烽火台等遗址组成；9处红色遗产由重要历史事件和重要机构旧址、重要历史事件及人物活动纪念地、革命领导人故居、烈士墓和纪念设施五类组成。此外，长乐还有"闽剧之乡"的美誉，琴江抬阁的满族风情、江田镇三溪村的夜渡龙舟、黄石舞狮、清醮诸神巡游、黄酒酿造技艺等丰富的民俗文化遗产，蕴藏着丰富的人文历史信息和传统民俗文化。

其中，滨海新城及周边有：吴航古城、登文道码头（海丝遗址）、龙泉禅寺（清规戒律）、显应宫（宗教文化）、梅花古镇（海防文化）、南阳山福建省委旧址（红色文化）、董奉草堂（医学文化）、二刘历史文化名村（砥砺前行）、三溪历史文化名村（夜渡龙舟）、青山村（福地贡果）等重要历史文化遗存，集聚了长乐价值突出的文化遗产类型及核心资源点，是长乐丰富历史文化的重要承载区。

二、系统引领，文脉彰显

滨海新城在文化挖掘与传承过程中，打破了以往历史文化资源梳理工作就"资源"论"资源"的局限性，从历史文化的脉络联系、历史文化资源空间分布两大层面出发，着重资源之间的有机联系以及资源蕴含的文化价值，通过顶层规划将原本孤立的历史文化资源通过不同主题编织成网，构筑滨海新城文化传承体系。

新城规划通过对现状文化资源进行分类、落位，连点成线，以"福州文化主轴"和"沿江、沿海、山地文化带"串联沿线10个功能文化聚集区，形成"一轴、三带、十片"的滨海文化传承结构，让文化遗产在城市建设中发挥灵魂作用，并在传承优秀传统文化的基础上，彰显长乐"大爱开明、能拼会赢、开放包容、砥砺前行"的城市精神，以其文化特色促成相关文化项目的生成和落地，实现物质空间与文化内涵的高度统一。

（1）福州市文化主轴线。为了积极承接福州市沿江向海的大发展战略，规划以福州市三江口处的营前为重要的门户，串联起营前文化聚集区、古航城文化聚集区、董奉文化聚集区、滨海新城文化聚集区，打造"福州市文化主轴线"，形成福州沿江向海的重要空间文化轴线，实现古今对话。

（2）山地景观文化带。主要依托长乐西南山区优美山地风光以及红色文化，包括董奉山国家森林公园、南阳福建省委旧址、长乐革命史馆、三溪古村落等，聚焦董奉文化聚集区、三溪文化聚集区。

董奉文化聚集区依托位于福州市长乐区古槐镇的董奉山自然保护区，结合福地贡果青山龙眼、沙京龙泉寺的清净禅林，以及杏林始礼堂、南雅堂、百草园等景点形成以董奉文化为主题的生态医疗康养文化区。

三溪文化聚集区以三溪历史文化名村传统风貌地区为核心，结合其山水与村庄共融的特色，打造福州山水型古村落典范、朱熹文化的重要承载地、长乐人文传承展示地，形成具有耕读文化特色的展示区。

（3）沿闽江文化带。主要依托闽江沿岸的营前文化聚集区、琴江文化聚集区、海丝文化聚集区、古航城文化聚集区，突出展示海丝文化、海防文化和吴航古城文化。

营前文化聚集区结合福州开放门户的历史见证、长乐营前模范村，形成闽都门户文化展示区，以及以戚继光屯兵处为代表的东南沿海抗倭纪念地，进行乡村文明精神主题宣传活动，及抗倭纪念展示。

琴江文化聚集区基于琴江历史文化名村丰富的建筑、街巷、构筑物、人文资源及其所蕴含的多种文化内涵，形成以旗人文化和水师文化为主的特色民俗文化展示区。展示"中国江南第一满族村"，打造满族文化展、满族文化体验，以及"水师旗营"海战纪念馆。

古航城文化聚集区依托古航城已有的文化资源，主要以郑和伺风开洋、屯兵造船的太平港和十洋街为主，形成具有千年古邑特色的古航城商贸文化展示区，再现"十洋城市状元来"的历史佳话，开展古航城商贸文化展示、郑和远洋主题纪念展览的相关项目。

海丝文化聚集区结合潭头镇文石渡口和现有海洋民俗文化承载空间，形成海丝遗韵区，展示渡口起航、海洋信仰信俗（含天妃信仰、临水信仰等）；展示海丝文化、海防文化、郑和文化、海洋贸易和展示名人生平事迹、个人成就、作品等。

（4）沿海文化带。主要依托长乐滨海沿线丰富的文化和优美的海滨风光，串联起滨海休闲文化聚集区、漳港文化聚集区、梅花古镇文化聚集区、滨海新城文化聚集区。

海滨休闲文化聚集区以下沙海滨度假村为主，结合江田、松下的海防文化、红色文化，以及临海近台的特点，形成乡愁寻思区。

漳港海洋文化聚集区结合现有海蚌自然保护区等，建设漳港显应宫海洋民俗中心、海鲜美食街、海蚌自然保护区主题旅游等项目，展示海滨自然风光、海洋特色产品、海洋文化、海洋科技，形成海洋文化展示区。

梅花古镇文化聚集区依托梅花古镇文化及其闽江口海防的特殊位置，打造休闲观光、传统文化体验，形成中华武术传承与发扬基地、海防教育基地、渔港风情展示区。

滨海新城文化聚集区保护与活化郑和碑、显应宫、德成精舍、龙泉寺等文化历史资源，打造商务印书馆分馆等特色文化设施，展示和传承海防文化、红色文化等区域历史记忆，打造乡愁寻思区和海滨休闲旅游度假区。

第三节 开放包容，大爱开明

高质量发展的第一动力是创新，新发展理念的首要理念也是创新，将全社会智慧和力量凝聚到创新发展上需要创新文化的有力支撑。在滨海新城营建和城市精神塑造中，不仅注重历史文化遗产保护与历史文脉延续，也致力于创新文化的培育[7,8]。

滨海新城在创新文化培育中秉承系统观，以氛围营造、空间塑造、活动演绎为抓手，全局性谋划、整体性推进。规划建设坚持以创新文化为引领和支撑，通过多元的文化设施和丰富的文化活动，实现生活与创业、历史与现代、传统与时尚、商贸与旅游等文化元素的高度融合与有机互动，营造"创新、活力、时尚"城市文化氛围[9,10]。

一、创新氛围营造

滨海新城作为新城新区，继承延续长乐开放包容的城市精神，通过统一营造，增强新城人居社区、产业园区、生态休闲区、商务区、科教区等片区的文化服务、文化关怀和文化表达，营造一种开放、包容的创新创业氛围，致力于打造区域最具创新创业精神的中心。

滨海新城依托双创中心、创客基地、孵化平台、休闲娱乐空间、数字峰会、国际学院、共享大数据、无人驾驶汽车、智慧社区，打造开放型创业生态系统和宜居宜业的成熟"新城区"。通过创新园展示长乐的科技成就、科研成果、技术创举以及科技界名人；展示长乐乃至福州的知名企业、品牌文化和特色产品，体现长乐及滨海新城的创造文化精神；设计砥砺前行雕塑，择址滨海会展中心，为凝聚创新产生潜移默化的影响。

二、活力空间塑造

"在保护中发展，在发展中保护"已成为新时代历史文化保护与传承的共识，遗产活化也成为城市文化创新发展的重要方式。塑造新城活力，既要加强历史文化保护传承，也要注重以用促保，让历史文化和现代生活融为一体，充分发挥历史文化遗产改善人居环境、提振城市文化活力的效用[11]。一是用开放的思维，加大历史文化遗产开放力度，更好服务公众。二是活化利用海丝文化遗产、宗教文化遗产、红色文化遗产等各类文化遗产，在坚守保护底线的基础上，通过功能植入、文旅策划等方式满足新城居民和企业的文化需求。三是促进非物质文化遗产合理利用，加强宣传推广，推动非物质文化遗产融入现代生产生活（图5-3-1）。

近期长乐将全面提升郑和史迹陈列馆，同时筹建"郑和宝船"项目，开发"郑和文化旅游"等特色精品旅游项目；进一步加强保护圣寿宝塔、天妃庙、登文道码头等海丝遗址；依

图5-3-1　修缮古厝重塑新城文化传承空间
（图片来源：刘志群、郑榕琛 摄）

托长乐山水生态资源、海丝文化底蕴，打造海丝文化旅游精品线路；全面提升显应宫景区，打造集进香祈福、文化展示、温泉养生、海滨休闲等于一体的全国知名的海洋文化旅游区。

　　滨海新城不仅从顶层设计上塑造文化软实力，同时也积极投入支持体系建设，实现"历史文脉"与"优质公共设施"相辅相成，共筑传承与创新传统文化的高地。近年，被誉为"长乐最美公路"的228国道建成通车，不仅完善了新城"四纵五横"路网中的"纵一线"，而且通过世界级海滨城市景观的营造，提升了新城城市形象，助力新城打造集旅游观光、休闲娱乐、慢行步道等功能于一体的滨海黄金海岸线，更成为滨海新城文化传承体系中的重要交通廊道。

三、魅力文化演绎

　　城市文化精神形成需要时间的积淀，作为新兴城市，让城市文化和精神深入人心并获得公众广泛的认同感和归属感，不仅需要明晰的文化发展导向和完善的公共文化设施，还需要新时代文化的动态演绎。

　　滨海新城依托文化交流举办诸如"海丝电影节"、文艺演出（灯光秀、音乐节、艺术节、文化讲堂）、潮流发布会、（北影）影视基地等对内或对外的文化节事，展示新城文化内涵，不断丰富市民精神文化生活。

　　滨海新城依托东湖生态公园、水上旅游、水上运动（含河、湖、海）、自行车专用道（赛事）、慢行步道、房车营地、马拉松等，通过娱乐竞赛活动提升新城活力氛围。结合滨海海滩、东洛岛西洛岛旅游、植物园、创意工坊等具有活力的空间，聚集城市人气（图5-3-2）。同时，将古村落作为文化挖掘传承和美丽乡村建设的重要载体，开展丰富的乡村旅游文化活动，积极推动福建省历史文化名村三溪村、壶井村的的规划建设，挖掘古村历史文化价值，延续好乡村文脉，重点打造"三溪龙舟夜渡"节庆活动品牌（图5-3-3）。

图5-3-2　举办体育竞技赛事提升新城活力氛围
（图片来源：李依星、叶义斌 摄）

图5-3-3　"三溪龙舟夜渡"节庆活动续写文化新篇章
（图片来源：潘清玉、陈建国 摄）

　　滨海新城自规划建设以来，"文化先行"的理念就被摆在了重要位置。从摸清历史文化遗产家底、挖掘文化特质、历史文化传承到新时代文化建设，滨海新城规划建设致力于将"开拓、开放、包容"的文化基因融入城市血脉，让"大爱开明、能拼会赢、开放包容、砥砺前行"的城市精神走进市民心中。

　　今天的滨海新城，历史与未来在这里交汇，传统与创新在这里融合；今天的滨海新城，这块孕育了深厚传统文化、传承了悠久历史文脉的热土，正在开启一段崭新的文化创新之旅。

第六章

健康乐活，宜居之城

"人民城市人民建，人民城市为人民"。福州滨海新城从谋划之初就坚持以人民为中心，转变传统新城开发理念，通过高标准的公共服务设施配套，打造生活服务完善的"宜居之城"，以吸引国内外高层次人才和青年创新人才的集聚，着力打造新城人居新典范。

"中国城市发展的逻辑已经发生了根本性变化，从低价要素吸引企业、企业吸引人并创造繁荣的'产—人—城'关系转向了工业化、城镇化'下半场'的优质生活吸引人、人吸引企业的'城—人—产'关系"[12]。滨海新城遵循"民生优先"的原则，高标准地配套各类民生设施。在对接国家、省、市的相关规范要求，保障各类民生设施的用地，根据滨海新城作为城市副中心的定位，对比全国其他先进地区对民生设施配套的标准，构筑了滨海新城的各项民生设施融合的服务配套体系。规划构建"城市—片区—街道—社区"等级鲜明、设施完善的生活配套体系，全面推行生活圈模式，注重以人为尺度的空间的营造。按照"步行5分钟能享受社区服务、15分钟能享受街道服务"要求，配套居民生活所需的文教、医疗、体育、商业等服务设施及公共活动空间，通过优质公共服务吸引人口集聚。

几年来，在规划引领下，陆续建成天津大学—新加坡国立大学福州联合学院、福州三中滨海校区、福州滨海实验学校、长乐师范附小滨海校区、滨海实验幼儿园、福州软件职业学院等教育设施，以及福州海峡青少年活动中心（商务印书馆）、福州市第二工人文化宫等文化设施。作为首批国家区域医疗中心之一，由复旦大学华山医院和福建医科大学附一医院联合承办的滨海新城综合医院一期（1000个床位）已投入使用，福州新区急救中心也落地开诊，市疾控中心正在建设。长乐区委、区政府驻地也于2021年6月搬迁至滨海新城。

第一节　构建层级合理、共享均好的公共服务体系

为更好地实现"宜居之城"的建设目标，规划编制伊始，如何构建更好的公共服务体系的问题就被提上了议事日程，围绕这一问题开展了系统性研究。规划工作组依据《城市公共设施规划规范》《福建省街道、社区公共服务设施配置指引》，同时借鉴新加坡、成都、南京、深圳、杭州等案例，结合当时刚兴起的"生活圈"理念，提出在滨海新城构建"城市—地区—街道—社区"四级配套体系（图6-1-1），并对各层级需要配套的各类设施提出指引要求，以引导相关专项规划的编制（表6-1-1）。鼓励同一级别、功能和服务方式类似的公共设施集中布局、组合设置，结合相应层级的中心布局，高层级的中心可兼容下层级的中心。功能相对独立或有特殊布局要求的公共设施可相邻设置或独立设置。

城市级公共设施是指以全市及更大区域为服务对象的公共设施，类型主要包括行政办公、商业金融、文化娱乐、体育、医疗卫生、教育科研和社会服务七大类。空间布局上分为

中心内和中心外两类。中心内包括商业商务、图书馆和博物馆等文化设施、综合医院、中央公园等；中心外分布有行政中心、体育中心、市民活动中心等文化设施、高等院校等各类城市级教育设施、专科医院等医疗设施以及各类社会福利设施。

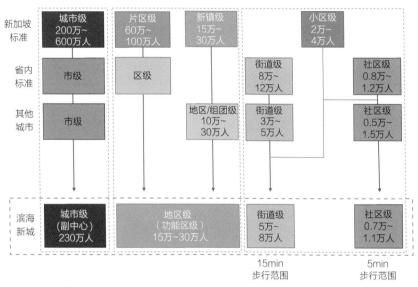

图6-1-1　滨海新城配套体系研究
（来源：作者自绘）

滨海新城公共服务设施级配引导　表6-1-1

	商业	文化	教育	医疗	社会福利（养老）	体育	行政
城市级（省市级）	CBD	图书馆、综合博物馆、科技馆、城市规划展览馆、美术馆、会展中心、剧场（音乐厅）、文化馆、工人文化宫、妇女儿童活动中心、青少年活动中心	大学村	综合医院、专科医院、中医医院、妇幼保健院等	市级养老院（社会福利院）、市级护理院、市级儿童福利院、残疾人康复中心、老年大学	省体育局滨海体育（训练）中心、滨海新城体育中心	预留行政中心
地区级（区级）	地区商业中心，约20公顷	综合博物馆、老年活动中心、青少年活动中心、文化馆、图书馆	—	—	地区级养老院（可选）	地区级体育中心	—
街道级	街道商业中心、公共配送中心	综合文化活动中心、文化广场、老年人活动中心	小学、初高中	街道卫生服务中心	街道级养老院、居家养老服务照料中心	健身活动中心、运动场、健身步道	街道办事处、街道综合服务中心
社区级	邻里商业（菜市场、社区终端配送站）	文体活动站	幼儿园	社区卫生服务站	居家养老服务站	健身活动室、健身广场	社区服务站

图6-1-2　滨海新城生活圈与"大集中"街道中心示意
（来源：作者自绘）

地区级公共设施服务15万~30万人口，为此次规划根据公共服务均等化的理念创新增设的层级。地区级中心主要包括20公顷左右商业商务用地以及图书馆和文化馆等文化设施，结合轨道站点、公园绿地设置。中心以外主要包括体育和社会福利设施等。

滨海新城按照"步行5分钟能享受社区服务、15分钟能享受街道服务"要求，创新设置一站式服务的街道中心，高标准配套居民生活所需的文教、医疗、体育、商业等服务设施。

街道级设施服务15分钟步行范围，约5万~8万人，提供比较完善的生活服务，包括：卫生服务中心、养老院、商业、文体活动中心、行政服务设施、公园等。规划提出"小集中"和"大集中"的布局原则，"小集中"指街道级服务设施尽可能相对集中布局，形成综合服务中心、文体服务中心、医养服务中心和商业服务中心；"大集中"指用地条件允许情况下，上述四个中心共同组成街道中心。中心以外布局活动场地等其他文体设施、中小学等教育设施，以及公用设施。

社区级设施服务5分钟步行范围，约9000人；提供基本的生活服务，包括社区服务站、居家养老服务站、社区卫生服务站、体育活动室、公园、菜市场等（图6-1-2）。

第二节　特色悦民的文化设施

文化设施布局规划在长乐地区文化内涵的挖掘工作之后开展，旨在充分绽放滨海魅力，让文化遗产"活"起来。通过特色文化空间的打造，将传统文化与滨海新时代精神相融合，塑造兼有时代内涵和历史底蕴的浓厚人文环境和城市文化形象。力求将文化资源转化为文化符号、文化标识、文化景观和文化象征，融入于城市建设、公共服务、市民生活之中。将大型文化设施"串入"滨海中轴，希望通过公共文化设施的集聚，助力城市东扩，带动和引领新城中心的形成。

一、大型设施引领

滨海新城地处福州沿海窗口，定位为省会副中心、新区核心区，现代化国际滨海新城、宜居宜业智慧新城。其定位强调了滨海新城作为省会城市新的发展区域，空间上要承载闽东北区域、福建区域、台海区域和"一带一路"相应地位所赋予的引领、示范和龙头带动功能。针对滨海新城肩负大区域文化担当的使命，突出文化自信，传承传统文化，注入创新活力，打造时尚文化，融入新时代的文化精神，形成滨海新城独特的文化特色。因此，在规划布局中有意将海峡青少年活动中心、海峡美术馆、海洋科技馆、第二工人文化宫等大型市级文化设施以及部分省级文化设施集中布局于滨海新城中轴线上，以此促进市级文化中心的培育以及城市副中心的形成，通过大型服务设施的集聚来引领和支撑新城发展。

二、强化轴线集聚

福州水退城进、沿江向海的城市发展足迹，是串联起福州历史城区、滨江、滨海活力新区的一根轴线，是见证福州从古至今发展脉络的一根轴线。这一发展轴线富集千年历史遗存，串起城市重要文化聚核，是福州之文化脊骨；连山接海的文化脉络轴，展现着千年闽都的风华面貌，也是福州之文化灵魂。因此，在滨海新城文化设施布局的规划中，提出文化中轴，延续发展脉络，进一步丰富文化脊骨（图6-2-1）。

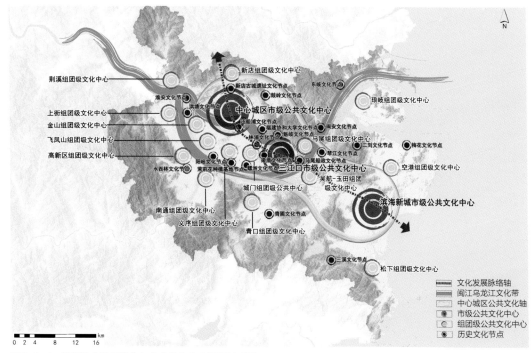

图6-2-1　福州城市发展脉络与文化设施布点相互关系图
（来源：《福州市中心城区公共文化设施布局专项规划（2021—2035）》）

将大型公共文化设施集中布局于该轴上，形成公服设施集聚性节点，共同组成串珠式文化中轴线。市级大型文化设施（含预留的省级、区域级文化设施用地）高度集聚的文化中轴，作为福州文化之脊的延续，同时也是滨海新城核心区城市空间结构上的重要区域，是城市新区建设的重点，是完善新区功能，提升新区服务，塑造新区形象的重要抓手（图6-2-2）。

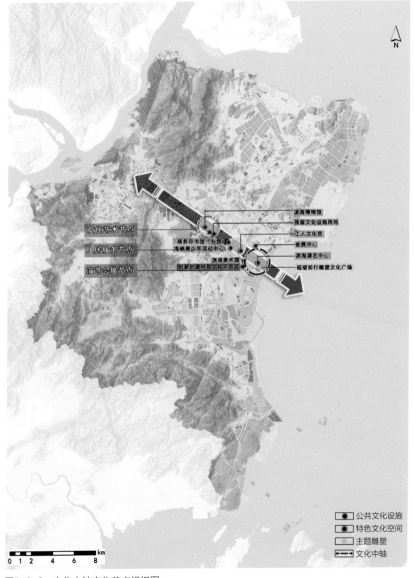

图6-2-2　文化中轴文化节点组织图
（来源：《滨海新城核心区文化设施布局专项规划》）

三、特色多元营造

挖掘、传承长乐地方文化，配套富有地方鲜明文化特色的主题场馆、文化场所，构建特色文化空间网络。在本土的海丝文化、海洋文化、海防文化、科教文化、名人名贤文化、宗教文化、华侨文化、对台交流文化、红色文化、非遗文化以及自然山水文化的基础上，滨海新城的文化设施规划突出完善城市特色文化的服务功能，强化创业创新、开放包容、互惠共享、健康乐活的新时代人文精神。通过提供富有特色并满足多元文化活动和艺术欣赏需求的文化产品，提升文化服务水平与品质，展现福州滨海地区深厚的文化底蕴与独有的文化特色，塑造城市特有的文化景观与特色形象，营造城市独特的人文环境，使滨海新城成为具有国际影响力的、富有魅力和活力的"海洋文化之都"，宜居宜业的生态型人文福地。

第三节　优质普惠的教育设施

为了构筑优质均衡、开放共享的滨海特色教育体系，滨海新城教育设施规划以"适度超前"、高标准预留教育用地指标为基本理念，全面对标5~15分钟生活圈、K12教育等新要求。规划力求建立符合新城实际的指标体系，并分区域展开指标体系的研究，试图通过合理确定不同区域的生均用地、用地容积率等技术指标，达到合理预留教育用地的规划目标。同时，通过GIS分区预测、建筑空间复合利用、校内设施分时段开放等手段，力求打造均衡、优质、完善的新城教育设施。

一、提供优质公平的教育资源

在教育设施布局规划中，始终强调两个关键词，一是优质，二是公平。优质体现在，规划阶段就强调要高标准预留用地指标，策划引入重点高校，符合国家级教育发展规划，打造12年义务教育体系。因此，规划高中达标率100%。在指标上提出未来将要打造6~8所省一级高中，其中3~5所省级示范中学，1~2所国家普通高中进入全国一流行列。为了更好地提升滨海新城的教育水平，规划还提出优质学校一对一帮扶、手拉手互助，启动区先行先试，以确保教学质量。

同时，教育设施布局专项规划还提出，滨海新城作为一个国际性城市，需要引入国际学校，这也是办学模式与建设理念更加多元化的表现。其中，打造融侨双语学校成为国内民办优质教育的标杆。

规划全面贯彻1比1职高和普高的比例，规划弹性控制职业高中用地规模要求，结合产业区、高校区设置职业学校；同时，综合考虑特殊学校设置，保障社会公平。优质教育设施考虑结合地铁站点设置，增加服务覆盖率（图6-3-1）。

图6-3-1　滨海新城地铁站与国际双语学校
（来源：福州滨海新城教育设施布局专项规划）

二、科学规划布局，更安全、均衡、高效

规划通过GIS等数据统计方案，尽量在街道内实现教育设施需求与服务相平衡，以实现更便捷、更友好、更均衡的教育设施服务尺度。规划教育设施布局在传统的可达半径分析上，增加GIS路径校核验算（即通过模拟计算实际规划道路到学校的距离而非分析半径），使有教育需求的居住用地覆盖情况同实际情况一致。

在用地布局上，形成更便捷的教育设施服务尺度。结合社区中心，300~500米服务半径布置1处幼儿园。800米服务半径布置1处小学，形成10分钟生活圈。1000米服务半径完成初中全覆盖，形成15分钟生活圈（图6-3-2）。

规划通过布局调整优化，同滨海新城慢行系统相结合，学校周边相临地块统筹考虑校车停车场、公交站等需求，实现更加友好、安全的入学路径。合理划分社区尺度，使幼儿园入学可以不穿越城市次干道。通过在街道内平衡小学和初中的班级数需求，避免小学生、初中生入学穿过城市快速路、结构性主干道、60米以上宽的河流（图6-3-3）。

规划还探索了在窄路密网模式下的布局策略，在布局上，学校的开口尽量选择在支路上，同时，考虑到少数区域由于窄路密网、先期实施等造成的地块过小、无法满足规范要求的情况，规划通过灵活调整、缩小班级数等方式，确保布局均衡有效能落地。比如CBD核心区的班型就是以24班为主。

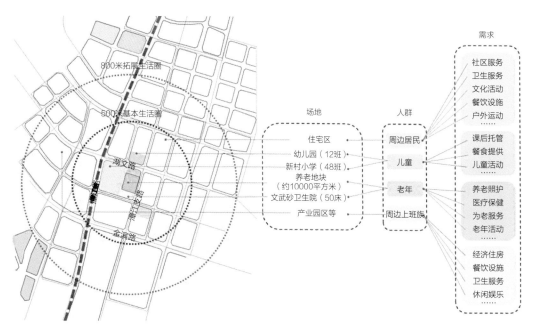

图6-3-2　教育用地15分钟布局示意图
（来源：福州滨海新城教育设施布局专项规划）

图6-3-3　更加安全的入学路径
（来源：福州滨海新城教育设施布局专项规划）

三、对标时代发展要求，K12教育与社会实践共享探索

最后，规划还提出了对标K12教育，建筑空间复合利用，校内设施分时段共享等理念。比如将幼儿园同社区服务中心联合设置，高等学校的体育场地分时段共享等理念，丰富提高配套设施的利用效率（图6-3-4）。

　　目前，已启动的项目包括赛德伯双语学校、福州三中滨海校区、福州滨海实验学校、长乐师范附属小学滨海校区、长乐实验小学滨海校区（已建成未投入使用）、福州滨海新城第一小学、福州市滨海新城实验幼儿园、福州滨海新城第一幼儿园、天津大学福州校区等（图6-3-5）。拟启动规划建设项目还包括福建师范大学附属滨海小学、福州第十九中学滨海校区。

図6-3-4　幼儿园利用建筑复合空间示意图
（来源：福州滨海新城教育设施布局专项规划）

图6-3-5　天津大学福州校区启动仪式
（来源：作者自摄）

第四节　便捷易达的体育设施

全民健身、健康滨海、特色体育是滨海新城体育事业的发展目标，相对于老城区建设用地紧张、体育设施及用地难以达标、公共体育活动空间匮乏、体育发展滞后欠账多等困境，滨海新城更有条件也更应该高标准配建各级各类公共体育设施，前瞻预留规划用地，为打造新城丰富、多元、优质的体育空间、举办特色的体育活动和赛事提供保障，努力把滨海新城建设成为公共体育配套示范新区，同时可探索体育运动场地与防灾避难场所的共建共享，平时用于体育，灾时用于避难。

一、特色体育引领

帆船运动是海洋文化的最重要代表之一，"桅樯林立，白帆点点"是滨海城市给人们的第一印象，"千帆竞发，百舸争流"的帆船竞技场面，更是象征着滨海城市勇于挑战、一往无前的开拓精神。福州市委市政府在《关于加快发展体育产业建设特色体育强市的实施意见》中提出要"立足滨海特色，培育开发大型特色水上运动赛事，主动融入长乐滨海大通道规划，建设帆船帆板、游艇等设施"。

滨海新城及周边的体育设施有东湖水上运动中心、福州市水上运动基地、海峡奥林匹克高尔夫球场、省体育局长乐滨海体育中心、首占营前体育中心等，具备了成为我国东南沿海体育产业龙头的基本条件。长乐国际机场、松下邮轮母港、福州东站、地铁6号线、机场快线、滨海大通道等立体交通网络，为国际帆船中心的建设与产业化运营提供了有力的支持。

滨海特色体育以帆船运动、水上运动为引领，充分发挥滨海、岛屿、港湾、沙滩、湿地等生态资源优势，利用周边的琅岐生态旅游岛、平潭国际旅游岛、下沙度假区、松下邮轮母港、滨海酒店群等旅游资源，结合休闲旅游发展滨海体育度假、海上运动等体育旅游产品，突显滨海新城的体育发展特色。

二、全民健身推广

完善全民健身公共服务体系，按市级及以上级、地区级、街道级、社区级四级体系配建各类公共体育设施，规划人均体育用地面积0.95平方米/人，配建设施包括田径场、综合体育馆、游泳馆、全民健身活动中心、体育公园（健身广场）、多功能活动场地、健身步道或登山道等。

促进中小学体育场地共享使用。初中、小学根据街道内的人口密度测算教育服务需求，服务半径及布点与社区紧密结合。在保证教学设施正常使用、校园安全、环境卫生等要求情况下，可以向社区开放体育设施，满足日益增长的社区群众体育锻炼需求。

三、健康滨海建设

积极融入福州沿海体育产业带的发展，充分发挥滨海新城海洋、岛屿、港湾、沙滩、湿地等资源优势，重点打造山地运动、户外休闲运动、水上运动、航空运动、武术运动等各具特色的体育产业集聚区和产业带（表6-4-1）。促进体育与文化、养老、教育、健康、农业、林业等产业的融合发展。推动体医结合，积极推广覆盖全生命周期的运动健康服务，发挥中医药在运动康复等方面的特色作用，发展运动医学和康复医学。开发以移动互联网技术为支撑的体育服务，提升场馆预定、健身指导、交流互动、赛事参与、器材装备定制等综合服务水平。推动在线体育平台企业发展壮大，整合上下游企业资源，形成体育产业新生态圈。

滨海新城体育产业项目一览表　　　　　　　　　　　表6-4-1

名称	类型	依托	发展指引
长乐东湖体育休闲功能区	健身休闲型	长乐东湖公园	加强公园体育设施供给，修建健身步道，开发滨海体育休闲项目
海峡奥林匹克高尔夫休闲功能区	健身休闲型	海峡奥林匹克高尔夫俱乐部	重点发展高尔夫运动休闲产业，推进高尔夫运动与休闲度假、旅游观光、康体保健等产业的融合发展
滨海路体育场馆功能区	健身休闲型	滨海路体育场馆	发展健身休闲业，同时依托长乐临空经济区加强体育用品的研发设计与制造
下沙海滩滨海休闲功能区	健身休闲型	下沙海滩	重点发展沙滩运动与水上运动，包括沙滩篮球、沙滩排球、沙滩足球、沙滩手球、龙舟、帆船、摩托艇、滑翔伞、冲浪等，打造以沙滩运动为特色的体育休闲功能区

建设山地户外营地、徒步骑行服务站、自驾车房车营地、运动船艇码头营地等健身休闲设施。积极开展马拉松、公路自行车赛、福州全国龙舟公开赛、两岸四地定向越野邀请赛等大型体育赛事（图6-4-1），培育丰富多彩的健身休闲项目，向专业化、功能化和品牌化方向发展。推广登山、自行车慢骑、攀岩、徒步、露营、拓展等山地户外运动项目；培育帆船、赛艇、皮划艇、摩托艇、潜水、滑水等海（水）上健身休闲项目。

图6-4-1　第二届滨海新城趣味定向越野赛
（来源：作者自摄）

第五节　医养结合的健康服务

福州滨海新城在规划实践中秉承"医养结合"理念，将医疗、养老两个专项规划协同编制。党的二十大报告明确提出"全面推进健康中国建设"。习近平总书记强调，"要树立大卫生、大健康的观念，把以治病为中心转变为以人民健康为中心"。福州滨海新城在开发建设中，不断促进优质医疗资源落地，推进老百姓在家门口享受到更加便捷、优质的健康医疗服务，全方位全周期保障人民群众健康，不断满足老百姓对健康的升级需求，最大程度增进百姓健康福祉，为建设"健康中国"做出探索和实践。

一、适度超前的高标准目标

滨海新城是闽东北协作、福州大都市圈的重要载体，医疗设施规划以高质量、优结构、适度超前为原则，结合滨海新城临近机场、区域交通发达等优势，提出建设"辐射福州和闽东北地区的区域医疗卫生中心"。

1. 高标准配置

对标北京、天津等大城市的医疗设施配置要求，滨海新城构建覆盖城乡、服务均等的健康服务体系。每千常住人口医疗机构床位数达到7.7张，每千名老年人拥有养老床位数45张。

2. 高水平协作

2016年10月，福州成为首批国家健康医疗大数据中心与产业园建设试点城市之一，并于2017年4月率先启动国家健康医疗大数据平台和国家健康医疗大数据安全服务平台。福州滨海新城国家健康医疗大数据中心IDC项目于2019年5月投产（图6-5-1）。

2019年，福建医科大学附属第一医院联合复旦大学附属华山医院共同筹建复旦大学附属华山医院福建医院、福建医科大学附属第一医院滨海院区。2020年10月，该项目获国家发改委、国家卫健委授牌，成为首批10家国家区域医疗中心试点项目之一（图6-5-2）。

3. 均衡式布局

规划各级医院时考虑服务半径适宜、交通便利、布局合理，易于为群众服务，保证全体居民公平地享有基本医疗服务。为避免老城区出现的高标准设施特别是医疗设施带来的交通拥堵等问题，空间布局方面尽量临近区域道路、轨道交通站点等布局，便于人流和车流集散。

二、强化基层的新理念融合

推进分级诊疗，高标准保障基层医疗卫生机构。规划社区卫生服务中心采用千人0.9床设置。以社区、家庭和居民为服务对象，以妇女、儿童、老年人、慢性病人、残疾人、贫困居民等为服务重点，开展健康教育、预防、保健、康复、计划生育技术服务和一般常见病、多发病的诊疗服务，坚持以政府为主导，鼓励社会参与。

重视基层社区层面的社区和居家养老服务，兼顾未来滨海新城高端人才聚集、带来更多

图6-5-1　国家东南健康医疗大数据中心
（来源：福州新区集团）

图6-5-2　国家区域医疗中心试点——复旦大学附属华山医院
福建医院
（来源："福州新区发布"公众号）

老年人照护需求的特征，提高街道级15分钟生活圈的居家养老服务中心和社区级5分钟生活圈的居家养老服务站配建标准。

三、医养结合空间模式探索

遵循"医养结合"理念，鼓励医院与养老机构开展对口支援、合作共建；通过建设医疗养老联合体等多种方式，整合医疗、康复、养老和护理资源，为老年人提供治疗期住院、康复期护理、稳定期生活照料的健康和养老服务。

街道层面推进医养融合服务延伸至社区和家庭，使老人可以在熟悉的社区环境中，获得高质量、持续性的照护服务。每个街道结合"15分钟生活圈"理念，规划形成一个"医养综合服务中心"，形成15分钟社区医养服务圈，推进医养融合服务进家庭。规划将街道级医疗和养老设施用地相邻布局，预留用地合并、统一设计建设医养中心的可能性，兼顾规划的前瞻性和实施弹性。如新村街道养老院在后续设计中就延续这一理念，通过连廊连接社区卫生服务中心，同时融入了托管中心、青年公寓、社区食堂、活动场地等功能，既实现了老幼互动，也为社区提供了综合服务功能（图6-5-3）。社区层面，鼓励社区卫生服务站和社区养老服务站合设，留足相应的建筑面积指标。

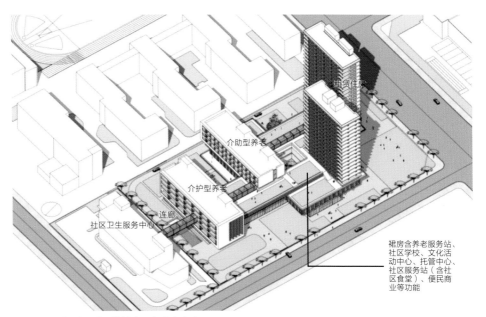

图6-5-3　新村街道医养综合服务中心方案
（来源：根据华东建筑设计研究院有限公司方案改绘）

四、智慧生态的健康服务

以滨海新城的健康医疗大数据中心为依托，开展医学大数据研究和全民健康管理，推动"互联网+健康医疗"服务相关应用，发展"智慧医疗"。在养老服务设施方面，以社区为养老和医护服务的媒介与平台，整合"养、医、康、护"等各种健康照护和社会服务资源，发展"生态+"和"智慧+"的健康服务体系。

1. 发展智慧医疗产业

推动"互联网+健康医疗"服务相关应用，打造人口健康信息平台、电子病历应用及共享平台、家庭医生签约服务系统平台、区域影像平台（含精准医疗平台）、"互联网+医养结合"平台、互联网医疗服务平台（互联网医院）、分级诊疗与远程医疗协同平台、检验结果互认平台、健康医疗教育管理平台。

依托国家健康医疗大数据中心汇聚4类数据，包括：（1）医疗数据，比如患者就诊、用药信息；（2）公共卫生机构数据，例如老人体检和小孩打疫苗的信息；（3）政府与健康相关的政务数据，比如医保数据、食药品流通数据、环境监测信息；（4）社会健康服务机构数据，如养老院有关老人的信息、健康商业保险数据。截至2020年10月，国家健康医疗大数据中心（福州）完成福州市医保用户在14家省属医院的数据、全市37家二级以上公立医疗机构、174家基层医疗卫生机构的数据汇聚工作，已入库结构化存量数据400多亿条，总计超过180TB。

2. 完善智慧养老服务

提出"居家为基础，社区为依托，机构为补充，医养相结合，信息为辅助"的目标，其中"信息为辅助"就强调对接智慧城市目标，发展"互联网+"智慧养老，以智能方式为老年人提供更便捷、快速、高速的医养服务。一方面是依托大数据中心优势，建立统一的"养老服务管理信息系统"和"居家养老服务信息系统"两大类养老服务信息系统，建立新城老年人信息服务中心—街道信息服务站—社区信息服务点三级信息服务网络。另一方面是完善社区居家养老服务中心智能化和智慧养老服务平台建设。对接智慧城市专项规划，在社区居家养老服务中心设立智慧健康小屋，为老人提供自助自检医疗服务。整合包括信息呼叫中心、信息管理系统、终端呼叫器及服务平台等各类服务资源。利用呼叫器、腕表等设备为社区老人提供"云数据"，使老人及家属感受居家养老服务智能化的便利和高效，打造"没有围墙的社区智能养老院"。

3. 建设生态养老基地

充分发挥滨海新城生态优势，在湿地周边、山边、水边布局医养设施和养老院等，积极发展季节性康养、休闲度假养老、特色养生等多种类型的健康养老服务，打造全国重要的特色健康养老示范区。引入市场力量，布局规划建设融医疗、养老、康复、文化、旅游、产业等多种功能于一体的健康养老基地或特色健康养老小镇。

第六节　公平优居的住房保障

　　福州滨海新城自启动建设以来，重视住房体系建设，坚持"房住不炒"理念，开发之初就编制了启动区住房专项规划，用以指导用地出让和住宅建设。后续实施过程中，在推进安置房先行建设的同时，人才住房、租赁房、商品房等一体化推进，形成多元有效的住房支撑体系。

一、衔接新政策，探索落实租赁住房模式

　　福州滨海新城启动区住房专项规划编制的同时，适逢租赁住房模式成为政策热点。2017年7月，住房和城乡建设部会同八部委联合印发《关于在人口净流入的大中城市加快发展住房租赁市场的通知》，要求在人口净流入的大中城市，加快发展住房租赁市场。规划将租赁住房模式作为重点展开研究，分析借鉴当时为数不多的其他城市的实践经验，包括：在土地出让条件中明确比例约束，建立国有平台引领租赁市场，以人才公寓为主，采用先租后售等方式。

二、建立多元体系引导土地出让和开发建设

　　综合其他城市的实践经验，结合福州滨海新城规划情况和自身特点，规划提出建立由共有产权房、租赁住房、安置房和商品房等多类型住房组成的住房体系，并设定各类住房建设量的比例：租赁房、共有产权住房各占15%，安置房25%，纯商品房45%。在此基础上，对各类住房的受众、套型提出引导性建议（图6-6-1、表6-6-1）。

　　租赁住房分为青年公寓和成套公寓两类，青年公寓主要面向大学毕业生和创业人员，以单身为主，面积约55～75平方米，采用流动性强的准入灵活机制；成套公寓主要面向外来务工人员、医生、教师、部分单身高级人才等，以小家庭为主，面积约60～75平方米，配套相对完善，租金市场化，采用流动强，达到一定条件可购买的较灵活准入机制。

　　出售住房形成共有产权和纯商品房两类，纯商品房无限制要求可自由买卖。共有产权主要面向符合引进人才要求、为新城服务一定年限的人才，门槛较高，有部分产权，面积约90～120平方米；采取租金收益分成，一定期限后可流转，期限内可回购的灵活机制。

安置房主要面向本地征迁安置居民，结合开发建设时序先期建设、先行安置。

滨海新城启动区住房类型分析表　　　　　　　　表6-6-1

	租赁住房		出售住房		安置房
	青年公寓型	成套公寓型	共有产权住房	纯商品房	
面向群体	大学毕业生、创业人员	外来务工人员、医生、教师、部分单身高级人才等	符合引进人才要求，为新城服务一定年限	无限制	拆迁户
特点	单身为主，面积小，可合住	小家庭；面积适中；租金市场化；配套相对完善	吸引人才为主；门槛高，有部分产权；一般有家庭	自由买卖	—
套型建议	55～75m²	60～75m²	90～120m²；以90m²为主	—	45～150m²；105～150m²为主
机制	流动性强，准入较灵活	流动性强，准入较灵活；达到一定条件可购买	租金收益分成；一定期限内可流转；期限内按规定回购	—	—

规划还结合经济测算，提出各类住宅用地分类分阶段供应建议。共有产权住房布局在大数据产业区周边，地铁站、医院、学校等周边，为产业园区吸引人才集聚人气，同时提升地铁物业商业价值。前期加大租赁住房和限价住房的土地供应比例，后期逐步增加商品房的供应比例，以利用地价增长规律最大化土地收益，保障新城开发建设良性运转（图6-6-2）。

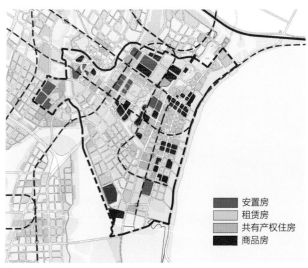

图6-6-1　各类住房规划布局引导
（来源：《滨海新城启动区住房专项规划》）

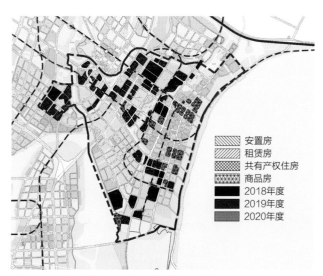

图6-6-2　滨海新城启动区住房用地供应时序图
（来源：《滨海新城启动区住房专项规划》）

三、实施情况

截至2023年2月，已建、在建、拟建安置房项目14个，共计约173万平方米；在建及已建公共租赁房项目46个，共计约85万平方米；在建及已建人才房项目5个，共计约18万平方米（图6-6-3、图6-6-4）。

图6-6-3　位于滨海新城的中国东南大数据产业园租赁住房（一期）A区
（来源：徐文宇摄）

图6-6-4　棋山花园安置房
（来源："福州新区发布"公众号）

第七节　悠闲时尚的旅游体验

一、综合型的旅游主题

1. 复合型的旅游资源种类

这里是山海相依、湖城相融的现代城市。

这里是古今融汇，历史和现代的交汇地。

这里是创新高地，科技与活力在此共生。

滨海新城旅游资源类型丰富，三山环绕、面朝大海催生了滨海新城山、海、城、湖四大资源主题，形成滨海风情、海丝文化、海防古镇、湿地内河、古迹寺庙、新城风貌等多样化的旅游资源。因滨海而衍生的海洋文化、海丝文化造就滨海新城独特的海洋气质。

滨海新城具有世界自然遗产潜力的湿地生态环境，是福州发展生态休闲游品牌的重要支撑；滨海新城这条紧邻城市的都市海滨风光带，是福州发展滨海度假游品牌的最佳载体；滨海新城以海洋文化为核心的特色地方文化，是福州打造闽都文化国际品牌的重要组成部分；滨海新城市的空港、邮轮港等门户优势，是福州建设世界知名旅游目的地的重要依托；滨海新城特有的数字科技产业，是福州智慧旅游提升的重要支撑。

2. 组合型的旅游发展策略

要发展滨海新城的旅游，需要打好优势资源的组合拳。规划以闽江口国家湿地公园、东湖湿地、海蚌保护区等构成的世界级自然遗产保护地为龙头，以高品质美丽海湾海滨风光和底蕴深厚的福建海洋文化和历史为重点，依托滨海新城的海陆空"门户"优势，融入滨海新城特色的数字科技产业。基于此，滨海新城的旅游规划提出依托具有世界自然遗产潜力的江海湿地生态环境和我国东部沿海少有的紧邻城区的大型海滨风光带，结合滨海新城特色的海洋文化、数字科技和门户优势，力求实现五方面的目标，即打造世界级湿地生态旅游区、国家级滨海旅游度假区、中国数字旅游示范区、福建海洋文化展示区和福州旅游的国际客厅。

3. 多样化的旅游产品体系

依托滨海新城的旅游资源和产业发展优势，围绕滨海新城的旅游定位，以生态保育为基础，以滨海度假为主线，以海洋文化为根源，以数字科技为亮点。构建"生态、滨海、文化、数字"四大主题旅游产品。

生态主题：整合闽江口湿地、东湖湿地、海蚌保护区等自然生态资源，以申报世界自然遗产为目标，打造湿地生态旅游品牌，突出滨海生态旅游特色。

滨海主题：依托福州滨海新城优良的滨海生态环境、宜人的滨海度假气候、丰富的海洋物产、深厚的海洋文化、舒适的海洋温泉等滨海资源，推动滨海旅游度假产品的完善升级，开发建设福州长乐海滨旅游度假区，力争创建国家级旅游度假区。

文化主题：充分发挥福州滨海新城深厚的文化底蕴，以海洋文化为核心，通过文化场馆、古镇名村、文化旅游景区等建设，打造福建海洋文化的集中展示区。

数字主题：以福州滨海新城数字科技产业为依托，开发特色智慧旅游产品和研学旅游产品，完善智慧旅游配套，打造中国数字旅游示范区。

4. 多层级的旅游配套服务

（1）旅游服务设施

规划提出构建"一核、两心、五站、多节点"的游客服务体系。建设一处区域旅游服务核心——空港枢纽旅游服务核心；建设一处二级综合旅游服务中心——长乐海滨旅游度假区综合服务中心；建设下沙、松下、大鹤、闽江口、董奉山等五处三级景区旅游服务站；并结合地铁站点、小型旅游景区景点、公园、驿站等设置多处小型旅游服务窗口。

（2）旅游交通设施

规划提出，丰富滨海新城交通选择。提高旅游交通设施档次，打造多种交通选择，为游客提供特色的旅游交通车、景区电瓶车、游船、自行车等多种交通出行方式，让游客便捷地游览城市街道、滨海新城都市风貌和海滨风光等。提升自驾游配套设施，增加旅游导览和引导服务。

（3）住宿服务设施

通过合理布局、分级设置，形成以五星级酒店、滨海度假物业为先导，集星级酒店、度假物业、民宿客栈、经济型酒店、主题营地于一体的多元化旅游住宿体系。规划打造"三大特色、六大集群"的滨海旅游住宿设施布局。"三大特色"为滨海温泉养生、高端商务度假、特色民俗客栈。"六大集群"包括：梅花古城民宿集群、机场商务酒店集群、温泉养生度假集群、高端商务酒店集群、沙滩度假酒店集群和东站配套住宿集群。

（4）餐饮服务设施

结合滨海新城特色地方小吃和滨海特色餐饮点，打造滨海新城饮食要素规划。打造"一个品牌、六大集群"的滨海新城餐饮布局。"一个品牌"是以漳港的海蚌资源为核心的国宴海鲜品牌。"六大集群"分别是：依托渔家码头，以闽江口特色渔家美食为主的江海渔家美食集群；依托漳港已有的特色海鲜餐饮商铺，以海鲜美食为主的漳港海鲜餐饮集群；依托滨海新城核心区内餐饮设施，打造的美食都市休闲餐饮集群；依托下沙度假村餐饮设施，打造的美食沙滩度假餐饮集群；依托松下邮轮港口的配套设施，打造多种国际美食集合的邮轮配套餐饮集群；依托董奉山、青山贡果园等，打造乡村特色餐饮集群。

（5）购物服务设施

依托景区（点）的构建，深入挖掘滨海新城本地特色，以旅游商品研发为突破，重点建设旅游休闲购物街铺，规划包括旅游购物中心、旅游购物街区2个层次的系统化旅游购物网络，满足游客购物需要重点布局"一个中心、三个街区"。"一个中心"为机场免税商品购物中心。"三个街区"分别是：漳港海鲜一条街、新城休闲商业街、邮轮免税购物街（图6-7-1）。

二、国际级的海滨度假

20世纪90年代，时任福州市委书记的习近平同志主持编制了《福州市20年经济社会发展战略构想》，亲自为福州谋划了建设现代化国际城市的发展战略。循着习近平总书记指引的方向，依照福州市委、市政府"东进南下、沿江向海"的城市发展战略，乘着福州滨海新城建设的东风，聚焦福州滨海休闲旅游发展与建设，挖掘福州长乐海滨资源潜力，大力发展旅游度假产业。2016年长乐旅游局组织编制《长乐市滨海旅游带总体规划》，开展海滨区域的旅游开发，先后历经多轮策划与规划提升，2021年福州新区组织编制《长乐滨海国家

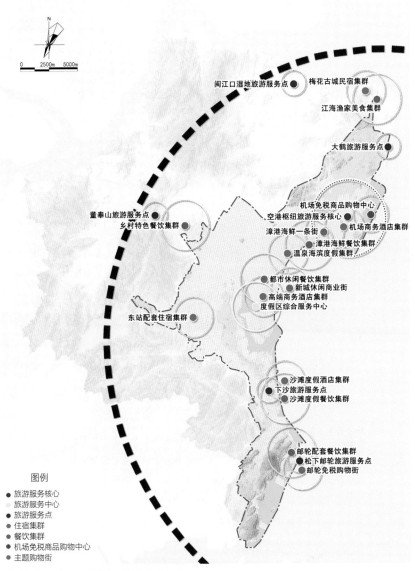

图6-7-1　滨海新城旅游配套设施规划布局
（来源：《福州滨海新城旅游总体规划（2022-2030》）

级旅游度假区总体规划》，通过"前期策划—总体规划—创建提升"的全过程规划辅导工作，福州长乐滨海旅游度假区应运而生，并于2022年成功获评福建省级旅游度假区。

1. 保护与开发并重的度假资源挖掘

福州长乐滨海旅游度假区以滨海度假资源为主，拥有优良的滨海生态环境、宜人的滨海度假气候、丰富的海洋物产、深厚的海洋文化、舒适的海洋温泉。度假区拥有35公里滨海岸线，25公里长的延绵沙滩，是江、海、山、林、沙、鸟等生态要素交汇映衬的海岸带，是我国东部少有的城市海滨旅游休闲带，2021年获评中国首批"美丽海湾"案例。

福州长乐海滨良好的自然生态环境是福州长乐滨海旅游度假区建立之根本，度假区的开发以生态为优先，严格遵循和落实海岸带、湿地及海洋保护区的各项保护和控制措施，在保护的基础上兼顾生态化开发，突出低密度、生态化的度假设施建设。依托滨海度假气候，在完成生态修复的海滨沙滩、防护林、湿地等自然基底基础上，有序发展和完善滨海休闲度假设施。通过长乐本地文化的挖掘和植入，数字体验的赋能，发展以滨海旅游度假产品为主导，生态观光与体验产品、温泉康养、数字体验产品和文化体验产品为支撑的特色休闲旅游度假产品。

2. 丰度与品质兼顾的度假产品开发

如何提升福州长乐滨海旅游度假产品的品质、丰富度假产品的类型是规划的重要任务。规划对标国际级海滨度假地，以海滨休闲度假为核心，发挥度假区的滨海资源优势，发展滨海特色，满足市场需求，提升滨海度假产品品质，精细化开发主题产品，形成体系。挖掘度假区的海洋文化，弘扬海丝记忆，以海洋文化为核心，联动长乐其他文化，以文化为魂，开发文旅项目。深入结合滨海新城智慧产业，在度假区打造全新互动体验，实现"旅游+科技"的度假产品策划。

规划策划形成了海滨浴场、休闲沙滩、赶海体验、海洋温泉度假、水上娱乐、水上游船、潜水体验等海滨度假主题产品；高尔夫、水上运动、骑行、篮球、足球、网球、帆船、游泳、沙滩排球等运动健身类度假产品；VR游戏体验、风动体验、儿童乐园、音乐节等休闲娱乐类度假产品；温泉康养、SPA美容、瑜伽等康体疗养类度假产品；音乐水秀、3D投影水幕、文创市集等夜游产品。

3. 市民与游客共享的配套设施建设

福州长乐海滨位于福州滨海新城核心启动区内，作为福州举全市之力高标准建设的新城，其公共服务设施建设力度是空前的，旅游度假区的配套服务设施注重兼顾滨海新城工作生活的市民与旅游度假区游客双方的需求，实现全域配套设施共建共享，避免重复建设，加快景城一体化。

（1）提升了住宿接待设施的服务品质

度假区内各酒店、民宿等服务品质高，舒适整洁，配套设施齐全，形成了不同档次的接待规格，满足不同人群的需求。

（2）完善了度假区的游客综合服务体系

在核心区设置长乐滨海旅游度假区综合服务中心，在东湖数字小镇、三营澳海蚌公园、东湖湿地公园、王母礁景区、海峡高尔夫俱乐部以及度假区主要度假酒店等均设置有大小合适功能齐备的旅游服务点。

（3）加快了度假区服务的智慧化提升

建立了度假区微信公众号，通过微信公众号和云游长乐智慧旅游平台鼓励开展用于手机终端的信息化服务。

（4）提高了度假区内旅游交通的便捷性和舒适性

开通了连接主要度假产品、景点和设施间的640、641路旅游公交，定时发车。此外，提供运动自行车、共享单车、共享电瓶车、共享汽车、自驾车租赁等类型多样的代步工具租赁服务，完善了度假区内的自行车专用道和步行道的慢行系统。

（5）提升了度假区的标识导览系统和旅游厕所服务

建设了符合标准的旅游标识系统，内容准确易懂，标志标牌设计富于地方个性特色，并以长乐滨海特色元素为核心设计了度假区logo；采用二维码等新兴手段并接入云游长乐智慧导览系统来丰富和扩充导览内容。按照A级旅游厕所标准提升度假区内旅游厕所共有旅游厕所十余座，其中AAA级旅游厕所4座。

三、多元化的水上旅游

水上旅游，不仅仅是简单的水上游览，而是一种休闲慢享的旅游行为方式，是以水网为载体的、面向市民和游客的、游览生态和品质节点，体验城市品质生活的休闲旅游方式。集水上通勤、慢享生活、水上运动、休闲游憩、文化体验、城市形象等多功能于一体。在滨海新城的旅游发展中，水上旅游规划作为其中重要一环，它的编制有助于科学合理利用滨海新城的水上休闲旅游资源，串联滨海新城的滨水活力和生态节点，展示国际化新城的特色风貌，促进滨海新城水上休闲旅游的发展。

规划紧抓滨海新城内河、湖泊、湿地、海滨四大水上旅游要素，以生态保护为优先、以智慧科技为手段，通过科学合理的水上游线设置和丰富多样的水上项目策划，打造以体验"智慧化活力空间和生态化湿地空间"为主题的滨海新城水上旅游项目（图6-7-2）。通过"以水为带、以绿为景、游水赏城、主客共享、城旅共荣"，将滨海新城的水上旅游打造成为长乐滨海旅游带的旅游引爆亮点、现代化商务中心的水上活力空间、智慧化滨海新城的科技体验载体、原生态水网湿地的绿色观赏廊道。

1. 科学的旅游河道选择

规划充分衔接了相关专项规划中关于主河道和次河道的规划和要求，水上旅游的旅游河道主要在规划主河道中挑选。结合上位规划中滨海新城核心区城市空间布局、土地利用规

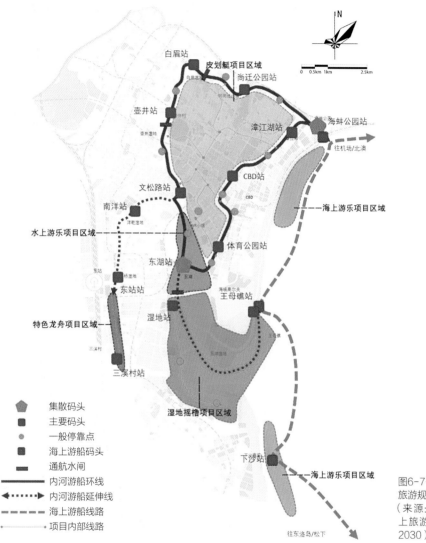

图6-7-2　滨海新城水上旅游规划布局
（来源：《福州滨海新城水上旅游专项规划（2018—2030）》）

划、旅游资源的分布情况以及交通规划和线路衔接，来综合考虑旅游河道的选择。水上旅游河道的选择标准为：河流本身条件（含宽度、净高等）、河流两岸条件（含资源、绿线等）、河流串联条件（含区位、换乘等）。将选定的旅游河道功能分为三大类：观光型、体验型和通航型。观光型河道主要以两岸景观、都市天际线、湿地生态、夜景灯光等风貌的观光为主要功能；体验型河道主要以互动体验类项目、水上游乐项目、智慧科技项目、民俗展示等为主要功能；通航型河道主要以串联景点、贯通游线为主要功能（表6-7-1）。

滨海新城内河旅游功能与发展重点一览表　　　　　　　表6-7-1

河道名称	功能分类	旅游发展定位	发展重点
漳江河	体验、观光	展现CBD风貌的智慧互动体验	智慧科技互动体验项目、漳江湖公园、CAD天际线营造、海洋文化公园（海蚌公园）
南洋东河	体验、观光	观赏湿地风貌和滨水景观生态	湿地观鸟、滨水生态景观营造、洋乾湿地、仙桥湿地、夜划龙舟
南港道	观光、通航	兼顾湿地生态和古村风光的	白眉公园、壶井湿地、壶井特色村落、滨水生态景观营造
万沙河	体验、通航	以地方文化体验和互动为主	柯尚迁公园、智慧互动景观、滨水生态景观营造、特色建筑立面营造
南洋北河	观光、通航	生态景观优美的通航河道	北洋湿地、滨水生态景观营造、高速立面美化
文漳河	体验	互动景观式的文化体验河道	智慧互动景观、滨水生态景观营造、特色建筑立面营造
福海河	观光	湿地生态观光河道	滨水生态景观营造、湿地景观保护
江田新河	通航	规划预留通航河道	贯通衔接至东湖湿地、龙舟体验
东湖	体验	水上游乐体验核心	东湖水上游乐、东湖茉莉花公园
东湖湿地	观光	湿地生态观光核心	东湖国家湿地公园

2. 特色的水上旅游项目

滨海新城若选择单一的游船线路，难以串联其丰富的旅游资源、展现其滨海特色，同时也难以全部满足水上线路选线的要求。因此需要不同主题和类型的水上旅游线路来共同构建完整的水上旅游体系。规划提出，未来滨海新城水上旅游应构建两条特色线路，包括内河游船线路和海上游船线路：

（1）内河游船线路

以游船和观光型游艇作为水上交通工具，串联滨海新城中北部区块的内河，串联滨海新城串珠式湿地生态水上公园，同时展示沿线地区的传统文化，欣赏水上湿地生态风貌游览、展示滨海新城都市风貌。

（2）海上游船线路

在滨海区域，采用海上游船的形式，可串联至机场、南北澳、下沙、东洛岛和松下邮轮港，可在海上欣赏滨海新城区域内的别样风情。

同时策划五项体验项目：湿地摇橹体验项目、特色龙舟体验项目、皮划艇体验项目、水上游乐体验项目和海上游乐体验项目：

①湿地摇橹体验项目

在东湖湿地中，采用同西溪湿地相同的摇橹生态船，用最环保的动力方式，减少行船对湿地生态的影响，主要线路为环东湖湿地内部水系。

②特色龙舟体验项目

在南洋东河南部河道靠近三溪村区域，设置特色龙舟线路，可作为游客体验龙舟、村民龙舟训练等场所。

③皮划艇体验项目

在湖东河区域，设置皮划艇线路，可作为市民和游客水上休闲、运动体验等场所。

④水上游乐体验项目

依托大东湖的水域，设置水上游乐等体验项目和丰富的亲水互动体验项目。

⑤海上游乐体验项目

依托滨海新城北部酒店区域和南部下沙区域的沙滩和海域，开展海上游乐项目体验，如香蕉船、摩托艇、快艇、潜水、冲浪等。

3. 完善的配套站点布局

根据旅游特色线路及体验项目的布局与需求，结合相关规划、用地等的可实施性，规划提出分级分类的配套站点：

（1）集散码头

规划于东湖西侧和海蚌公园设置水上旅游的集散码头，包含画舫船、玻璃观光船的始发码头，是最核心的水上旅游集散地。

（2）主要码头—内河游船码头

水上旅游线路的主要站点，规划设置12处设置水上旅游主要码头。

（3）主要码头—海上游船码头

结合海上游船线路设计，在海蚌公园、王母礁入海口、下沙等3处设置海上游船码头，供游客换乘海上游船使用。

（4）一般停靠点

结合滨水绿地公园的规划设计，在景观较好或有互动体验项目的节点，设置一般停靠点，供游船停靠。

第八节　15分钟生活圈

构建"15分钟生活圈"是提高和改善城市民生的重要措施。2016年2月发布的《中共中央 国务院关于进一步加强城市规划建设管理工作的若干意见》首次提出"15分钟生活圈"的概念，并强调"打造方便快捷生活圈，使人民群众在共享共建中有更多获得感"。15

分钟社区生活圈是滨海新城社区生活的基本单元，即在15分钟步行可达范围内（约1公里距离），配备生活所需的基本服务功能与公共活动空间，形成友好、舒适的社会基本生活平台。生活圈一般为一个街道尺度（即控规的一个分区单元），范围在3平方公里左右，常住人口8万～12万人。为营造兼具环境友好、设施充沛、活力多元等特征的社区生活圈，建议人口密度在1万～2万人/平方公里之间。

一、15分钟生活圈建设理念

滨海新城"15分钟生活圈"理念的提出不仅是为了完善城市生活配套设施，还包括对城市可持续发展、城市可达性、居民生活品质、居民社交联系等方面的提升。

1. 以人民为中心的街坊尺度

为缓解城市交通拥堵、提升促进土地利用效益，构建尺度宜人、适宜步行、邻里和谐的街区，并提高城市活力、品质和居民互动交流的机会，滨海新城在建设之初便提出"窄街区、密路网"的建设思路：干路间距350米、方格网布局，道路面积率在26%以上，路网密度在8公里/平方公里以上。在滨海新城核心区具体规划实践中，形成了150米×150米（面积约2.3公顷）的小街区，并运用完整街道的设计理念控制道路指标，降低机动车空间，加强慢行空间，优先满足行人、自行车和公共交通的空间要求。

"窄街区，密路网"的建设理念与"15分钟生活圈"理念相辅相成，一方面通过建设适宜步行、尺度宜人的街坊尺度，提高"15分钟生活圈"的覆盖范围及相关设施的可达性，另一方面通过"15分钟生活圈"的建设又进一步激活城市街区活力。

2. 职住平衡的产城空间

滨海新城在建设发展过程中始终致力于构建产城融合发展格局，包括合理布局高品质教育、医疗、文化、就业、社会保障等公共服务设施，全力建设宜居宜业的城市社区，合理妥善安置转移人口。通过出台各项政策措施吸纳外来人才，实现区域内常住人口和就业人口的聚集增长。注重发挥"产、城"互动发展效应，实现"以产兴城、以城促产"。合理规划发展空间，逐步完善基础配套和保障设施，实现居住、产业、交通、生态等协调发展。

3. 高效可达的公共空间

滨海新城通过构建"串珠式"公园体系，实现公园服务范围全域覆盖。通过城市公园体系、城市绿道、道路水系等绿色空间的建设，为新城城乡居民提供共享可达的生态福利空间。公园体系包括结合滨海新城中央商务区建设的中央公园，结合滨海防风林带和地域文化特色设置的多元城市滨海公园，结合东湖和福州市市花（茉莉花）、市树（榕树）设置的茉莉花主题公园，结合城市自然河道建设的城市滨水公园等；让居民能够处处"见绿"，便捷

"享绿"。

4. 宜居乐活的各类设施

在公共服务设施的布局上，通过对配套标准、用地指标的落实以及对步行可达性的考量，在滨海新城全域范围内实现学有所教、老有所养、病有所医；通过建设无处不在的健身空间、便捷可达的市民服务与便民多样的商业服务，让"15分钟生活圈"的理念渗入居民的"衣、食、住、行、学、游、娱、养"（表6-8-1～表6-8-7）。

学有所教的基础教育　　　　　　　　　　　　　　　　表6-8-1

项目		配套标准	用地面积	步行可达距离
幼儿园	≤6班	原则上每个社区辖区至少应设1所。根据社区规模及拟规划幼儿园的班级数，亦可2～3个社区合设一所幼托（幼儿园）。42座/千人，30座/班	2800m² （16m²/座）	10分钟 （300～500m）
	9班		4050m² （15m²/座）	
	12班		5040m² （14m²/座）	
小学	24班	每个街道办事处辖区至少应设1所。1万～1.5万人设立1所完全小学。84座/千人，45座/班	16200～22248m² （15～20.6m²/座）	15分钟 （800～1000m）
	30班		20250～25380m² （15～18.8m²/座）	
	36班		24300～30456m² （15～18.8m²/座）	
	48班		32400～40680m² （15～18.8m²/座）	
初中	24班	每个街道办事处辖区至少应设1所。3万～5万人设立1所初中。42座/千人，50座/班	21600～26280m² （18～21.9m²/座）	15分钟 （1000m）
	30班		27000～30000m² （18～20m²/座）	
	36班		32400～36000m² （18～20m²/座）	
	48班		43200～48000m² （18～20m²/座）	
普通高中	30班	高中千人指标（含中等职业学校）为40座/千人。其中，普通高中，20座/千人，50座/班。中等职业学校生均用地标准可采用普通高中标准（国家级重点职业学校生均用地采用54m²/人，高于一般职高）	27000～33750m² （18～22.5m²/座）	—
	36班		32400～37980m² （18～21.1m²/座）	
	48班		43200～50640m² （18～21.1m²/座）	
	60班		54000～63300m² （18～21.1m²/座）	

老有所养的乐龄生活　　　　　　　　　　　　　　　　表6-8-2

项目	配套标准	用地面积	建筑面积	步行可达距离
居家养老服务中心	每个街道至少应设1处。居家养老服务照料中心（街道级）、居家养老服务站（社区级）两级配建	合设，用地6000～8000m²（每处150床，床均用地40～50m²）	1500～2500m²	15分钟 （1000m）
养老院	每个街道至少应设1处		≥450m²（每处150床，床均建筑面积≥30m²/床）	

续表

项目	配套标准	用地面积	建筑面积	步行可达距离
居家养老服务站	居家养老服务照料中心（街道级）、居家养老服务站（社区级）两级配建要求应满足：每个社区至少应设1个	—	300~450m²	10分钟（300~500m）

病有所医的健康服务　　　　　　　　　　　　表6-8-3

项目	配套标准	用地面积	建筑面积	步行可达距离
社区卫生服务中心	每个街道至少应设置1处	2000~4000m²	3000~4000m²	15分钟（1000m）
社区卫生服务站	0.7万~1.1万人宜设置1座。应根据社区卫生服务中心覆盖情况以及服务半径、服务人口等因素合理配置和布局，可与邻近社区合并设置，或增设社区卫生服务站	—	200~300m²	10分钟（300~500m）

康乐多样的社区文化　　　　　　　　　　　　表6-8-4

项目	配套标准	用地面积	建筑面积	步行可达距离
综合文化活动中心（包含文化广场）	每个街道至少应设置1处	10000~16000m²	4000~6000m²	15分钟（1000m）
社区服务站	每个社区至少应设1处	—	1800~2600m²	10分钟（300~500m）

无处不在的健身空间　　　　　　　　　　　　表6-8-5

项目	配套标准	用地面积	建筑面积	步行可达距离
全民健身活动中心	每个街道至少应设1处，每千人建筑面积60~100m²	合设，用地10000~20000m²	≥1800m²	15分钟（1000m）
多功能活动场地（体育健身广场、运动场、田径场、文化体育公园）	每个街道至少应各设1处。每千人用地面积不少于250m²		—	
健身步道（或登山道）		—	—	
健身路径		—	—	
多功能广场（健身广场）	每个社区至少应各设1处，每千人用地面积不少于100m²	1000m²	—	10分钟（300~500m）
健身路径		—	—	

便捷可达的市民服务　　　　　　　　　　　　　　　　表6-8-6

项目	配套标准	用地面积	建筑面积	步行可达距离
街道办事处	每个街道合设1处	合设，用地3000~4000m²	≥3000m²	15分钟（1000m）
街道综合服务中心				
工商管理所、税务所等	每个街道至少应设1处		≥300m²	
派出所	原则上每个街道设1个	1500~2000m²	2000~2500m²	

便民多样的商业服务　　　　　　　　　　　　　　　　表6-8-7

项目		配套标准	用地面积	建筑面积	步行可达距离
社区商业		商圈半径≤3公里，服务人口8万~10万人	合设，结合商业设置	—	15分钟（1000m）
分区公共配送中心		每个街道办事处辖区宜设1处以上		—	
邻里商业		服务人口1万~1.5万人；建筑面积450~570m²/千人；用地面积100~600m²/千人	—	—	10分钟（300~500m）
其中	菜市场	服务半径0.8~1.5公里，每千人建筑面积不低于100m²	—	—	
社区终端共同配送站		每个社区至少应设1处代收服务点，有条件的社区宜设自提柜	—	—	

二、15分钟生活圈空间布局

空间布局方面鼓励形成"小集中"与"大集中"模式。"小集中"即在有条件情况下尽量形成"四中心"布局，即行政服务设施组成的"综合服务中心"、医疗和养老设施组成的"医养结合服务中心"、文化和体育设施组成的"文体服务中心"和商业设施为主的商业服务中心。在"小集中"基础上，若用地条件允许，四个中心共同组成一个街道服务中心，即"大集中"模式（表6-8-8、表6-8-9）。

街道级公共服务设施的"小集中"模式　　　　　　　　表6-8-8

类别	项目	设置方式
行政管理与社区管理服务	街道办事处	合设
	街道综合服务中心	
	派出所	
	工商管理所、税务所等	

续表

类别	项目	设置方式
医疗卫生	社区卫生服务中心	合设
社会福利与保障设施	居家养老服务照料中心	合设
	养老院	
文化体育	综合文化活动中心	合设
	全民健身活动中心	
	多功能活动场地	
	健身步道（或登山道）	合设
	健身路径	
教育	小学	独立占地
	初中	独立占地
	高中	独立占地
商业设施	社区商业	合设
	分区公共配送中心	

社区级公共服务设施的"小集中"模式　　　　表6-8-9

类别	项目	设置方式
社区管理与服务	社区服务站	合设
	居家养老服务站	
医疗卫生	社区卫生服务站	
体育	健身活动室	可与绿地合设
	多功能广场（健身广场）	
	健身路径	
教育	幼托（幼儿园）	独立占地
公用设施	公共厕所	合设
	环卫工人作息站（道班房）	
	再生资源回收点	
	开关站（开闭所）	合设
	避灾点	合设
商业设施	邻里商业	合设
	菜市场	
	社区终端共同配送站	

第七章

枢纽门户，便捷之城

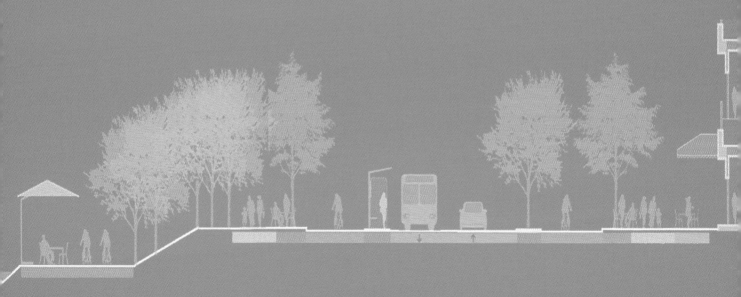

交通强国、"一带一路"倡议等纲要文件的发布及《国家综合立体交通网规划纲要》《福州都市圈发展规划》《福建省交通强国先行区建设实施方案》等重要规划的相继实施，赋予了滨海新城更高的战略定位。在国家、省、市等多重战略的推动下，滨海新城牢牢抓住枢纽机场、港口、高快速铁路的优势，进一步提升福州的门户枢纽能级，依托多层级骨架交通系统高效支撑交通同城化的发展需求，秉承自然生态本底，优先发展绿色交通树立交通与生态和谐发展的典范。

第一节　便捷之城的交通发展理念

滨海新城拥有特殊的交通区位优势和自然生态本底，也是福州东扩南进的必然趋势，要充分借鉴国内外新城发展经验和教训，结合实际情况发挥优势，打造独具滨海新城特色，可推广、可借鉴的城市交通规划建设样板。

一、强化门户枢纽功能，同城交通高效便捷

滨海新城内拥有福州长乐国际机场、港口和铁路等重要交通基础设施，同时位于国家"六轴七廊八通道"中的沿海主轴与福银（台）通道交汇点，交通枢纽地位十分重要，是福州中心城区对外的门户，更是福州都市圈的交通门户。因此，主动打造门户交通枢纽、海陆空综合交通枢纽是滨海新城规划建设的强力引擎。

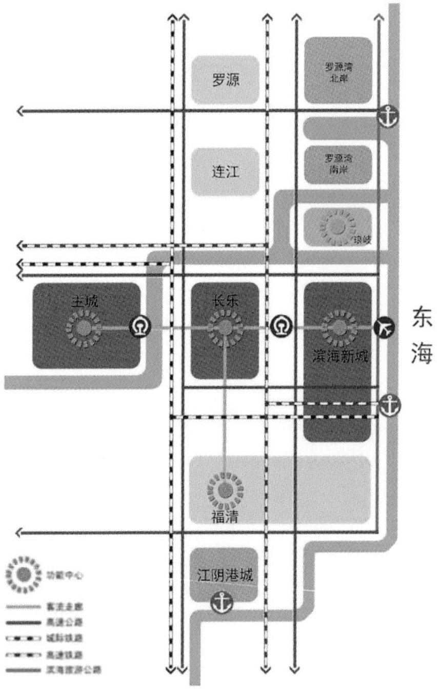

1. 打造"机场+高铁"复合门户枢纽，提升枢纽能级及区域影响力

利用京台、沿海高铁走廊交汇的优势，在滨海新城规划预留高铁站，通过轨道交通快线联动机场和高铁车站，打造区域交通高地，构建"机场+高铁"的复合枢纽，提升滨海新城在福州及都市圈的交通影响力，构建门户交通枢纽。

2. 构建"轨道交通+骨架道路"复合走廊，促进同城交通高效便捷

借鉴天津滨海新区、广州南沙新区的发展经验，规划初期将新老城快速交通作为滨海新城规划建设的重点进行充分研究，基于新老城区30分钟交通圈的时空目标，提出通过"轨道交通+骨架道路"组成的复合交通设施助力双城发展格局，构建福州主城—长乐—滨海新城的综合发展轴（图7-1-1）。

图7-1-1　滨海新城交通组织结构示意图
（来源：《福州新区综合交通规划》，作者自绘）

二、依托自然生态本底，绿色交通优先发展

响应以人为本、交通服务品质提升的发展诉求，为居民提供均衡优质的多元出行服务，发挥综合交通效益，以公共交通、慢行交通等绿色出行模式为主导，实现绿色交通优先；突出体现滨海新城环境特色，构筑与山、江、海格局相适宜的慢行交通系统，提升慢行交通品质。

1. 塑造慢行交通环境

基于滨海新城自然资源禀赋，突出特色，构筑与山、江、海格局相适宜的、人性化的慢行交通环境，提升慢行交通品质。滨海新城规划先行，提前谋划构建连续、安全的慢行交通网络，营造高品质的慢行环境；优化道路路权分配，落实"完整街道"建设理念，建立安全通达的骑行网络和舒适便捷的步行区域，逐步推进区域绿道、城市绿道和社区绿道建设，将慢行复兴落到实处。

2. 构建"轨道+慢行"的交通发展模式

强调自行车和公共交通等绿色交通优先，保障行人出行的安全舒适和便捷。减少对小汽车交通的依赖，缓解城市交通拥堵，满足未来城市居民出行需求和城市可持续发展要求。

从配套走向支撑：发挥轨道交通的空间组织作用，坚持以轨道交通廊道为骨架，对城市用地开发进行控制引导。以线路为轴线、以站点为核心，形成珠链式开发布局，人口与就业岗位沿轨道线路集约布局。

从设施走向服务：构建以人为本的综合交通系统（图7-1-2），从满足个体交通上升到促进社会交往，重点实现"轨道、街道、绿道"三大系统的融合共生，提供全景式、多样化的出行服务，建设绿色新城。

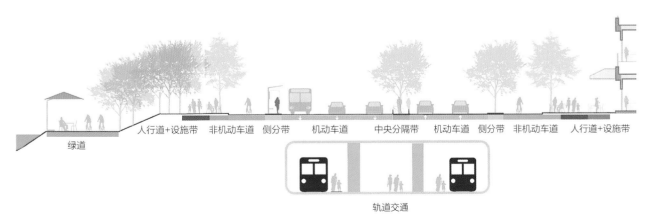

图7-1-2　人本使用视角的交通体系构建示意图
（来源：《福州滨海新城骨架交通研究及启动区总体交通设计》资料）

三、贯彻人本优先理念，窄路密网践行实施

滨海新城交通规划从"点线面"三个层次落实窄路密网的理念（图7-1-3、图7-1-4）。面的层次上，整体路网布局体现交通分区布局的差异性、道路网络密度的差异性、交通设施分布的差异性；线的层次上，在窄马路条件下构建慢行友好型街道，主要体现在完整街道设计理念的应用、各项街道指标的控制、慢行友好型道路断面设计及布局；点的层次上，设计小尺度交叉口空间，主要为小尺度缘石半径及红线切角、路口微渠化（交叉口展宽、路中安全岛、公交停靠站等）。

面：密路网   线：窄马路   点：小路口

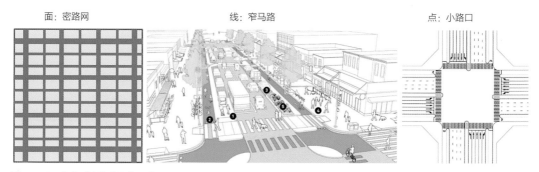

图7-1-3 落实"窄路密网"理念
（来源：《福州滨海新城骨架交通研究及启动区总体交通设计》资料）

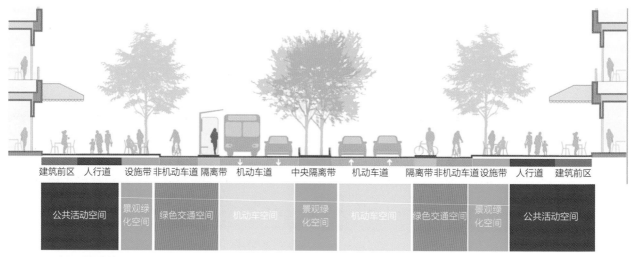

建筑前区 人行道 设施带 非机动车道 隔离带 机动车道 中央隔离带 机动车道 隔离带 非机动车道 设施带 人行道 建筑前区

公共活动空间 | 景观绿化空间 | 绿色交通空间 | 机动车空间 | 景观绿化空间 | 机动车空间 | 绿色交通空间 | 景观绿化空间 | 公共活动空间

图7-1-4 友好型街道空间示意图
（来源：《福州滨海新城骨架交通研究及启动区总体交通设计》资料）

四、坚持用地高效利用，交通设施集约整合

为缓解土地紧张、交通拥堵、资源受限等问题，滨海新城规划将重点开发区域和交通设施的有效整合作为切入点，提出以国际视野打造先进高效的TOD开发模式，构建集约式立体化的城市空间和交通枢纽体系。同时，为避免福州老城区交通设施配建指标低、停车困难等问题，规划初期就制定以建筑配建停车泊位为主，公共停车泊位配建指标纳入地块指标中统筹设置的方案，集约利用有限的土地资源。

第二节　高效互联的枢纽门户

充分发挥滨海新城地处"一带一路"交汇节点的区位优势，依托福州长乐国际机场、松下港枢纽及铁路枢纽，构建互联互通的开放大通道，打造空港、海港、陆港等综合交通枢纽，强化滨海新城对外辐射能力，提升滨海新城的交通枢纽地位。

一、空港与新城比翼腾飞

响应《坚持"3820"战略工程思想精髓加快建设现代化国际城市行动纲要》，福州长乐国际机场通过大力拓展国际航线实现对"一带一路"沿线国家全覆盖，发展多式联运构建综合交通枢纽，打造成为国际大型枢纽机场、海丝门户枢纽机场。目前福州长乐国际机场二期扩建工程及综合交通枢纽配套工程正在如火如荼地建设之中。

1. 综合交通理念提升机场枢纽能级

福州长乐国际机场二期扩建工程正在建设机场第二跑道、T2航站楼，建成后共有机位229个，其中客机位176个，建成后年旅客吞吐量可达2400万人次。远景将建成三条跑道、两座航站楼的4F级民用机场，2035年旅客吞吐量达到5000万人次，2050年达到8000万人次。

福州长乐机场综合交通枢纽集合城际铁路F2、F3线、滨海快线，并预留未来城市轨道交通建设条件，实现多层级轨道交通与机场枢纽无缝衔接，服务福州都市圈、福州中心城和滨海新城不同空间尺度的交通需求。航站区道路由南北进场路与机场高速和机场第二高速相连接，通过下穿道路接入机场核心区，与T1、T2航站楼接驳（图7-2-1）。

2. 空铁轨联运扩大区域辐射

借鉴国内外各大型机场利用区域快速铁路接驳并拓展航空客源腹地的成功经验，规划将

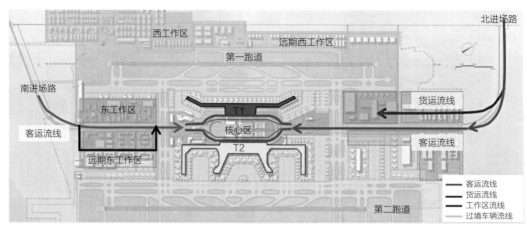

图7-2-1　机场交通进出场交通组织方案
（来源：《福州长乐国际机场综合交通枢纽概念设计方案》资料）

城际铁路F2、F3线引入福州长乐国际机场并设站，同时连通京台高铁、温福高铁及福厦高铁，实现福州长乐国际机场北至宁德、南至莆田、东至平潭等多方向的快速联系，拓展福州长乐国际机场客源腹地。空铁联运能够打破现状服务范围囿于福州市区的局面，并构建起以机场为核心，高速铁路、城际铁路无缝换乘的综合交通枢纽，提高福州长乐国际机场的门户枢纽能级，有效支撑福州都市圈的发展。

二、海港与城市融合共生

松下港是国家一类对外开放口岸、对台直航港口、国家粮食进口指定口岸。下辖牛头湾、山前和元洪三个作业区，其中牛头湾和山前作业区位于滨海新城核心区内，深水岸线约16公里，水域面积4.5平方公里，主航道水深15～25米之间，水域及航道条件较好，岸线资源丰富。港区规划陆域面积383万平方米，共规划22个码头，全部泊位建成后码头长度将达到5954米，总通过能力达到6000万吨。

1. 港产城协调促发展

松下港主要以粮食、散杂货等清洁货类运输为主，服务后方粮油加工产业、粮食储备和临港工业发展。2017年福州成为全国第五个获批"中国邮轮旅游发展试验区"城市，松下港将打造以始发航线为主、兼顾挂靠航线的邮轮始发港。通过建设邮轮发展实验区，实现"港旅城"协同发展的格局；同时充分联动平潭港区，在邮轮航线类型、服务功能上实现协同和错位发展，形成以福州为中心的闽东北邮轮经济协作区。

2. 快速集疏运提效率

以海铁联运为核心构建多层次疏港交通体系，实现港口与机场、高铁站、火车站、高速公路等交通枢纽的快速交通连接。

（1）铁路交通引入港口

规划有福平铁路、松下港铁路支线，设长乐南站，向北预留线路通道经罗联站接入福州港口后方铁路通道，实现疏港铁路与货运铁路直接贯通。松下疏港铁路支线自福平铁路引出，沿滨海路（G228）向南北走线，服务牛头湾与山前作业区。

（2）轨道公路纵横港区

市域S3线（滨海新城至福清西线）自滨海新城长乐东站交通枢纽引出，经松下、城头、海口至福清城区，至福清西站，为福州滨海新城与福清城区的快速轨道联系通道。

长平高速（京台高速长乐段）与福平铁路共线（平潭公铁海峡大桥）进入平潭岛，设置落地松下互通，于福北线交叉口处与疏港路衔接。

三、铁路与区域多向贯通

统筹交通、产业和空间等要素，整合铁路、公路等陆路交通运输大通道，高质量打造滨海新城陆港枢纽，发挥铁路枢纽布局对城市空间发展的支撑引导作用（图7-2-2）。

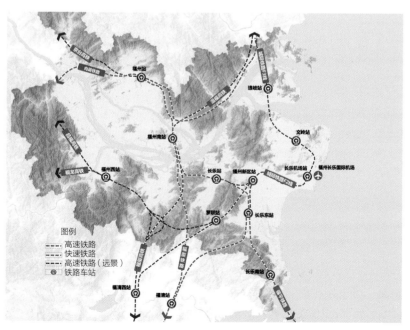

图7-2-2　铁路网规划示意图
（来源：《福州城市综合交通规划》，作者自绘）

1. 铁路网客货分离联动全国

（1）高快速铁路网

高快速铁路方面，基于现状福平铁路，新建城际铁路F2、F3线，经福厦高铁福清西站、福州新区站、连江站，北接拟建温福高铁，实现滨海新城与宁德、莆田、南平等都市圈次中心的直达衔接。远期规划福龙高铁、昌福高铁接入福州新区站，进一步提升滨海新城的铁路对外交通水平，大大缩短与省内主要城市的时空距离。

（2）货运铁路

近期规划松下港铁路支线接入福平铁路长乐南站，利用福平铁路富余运能实施客货混跑，实现海铁联运。中远期由福平铁路长乐南站另辟货运专用线，经罗联北站与规划货运铁路专用线衔接，实现松下港铁路支线专线专用，与福平铁路实现客货分离；同时，规划松下港铁路支线向元洪投资区延伸，进一步强化海铁联运。

2. 打造陆港核心枢纽服务城市

以福州新区站和长乐东站等高快速铁路站点为核心，打造集合铁路、公路客运站、轨道交通和公交枢纽站于一体的综合性交通枢纽。其中，福州新区站定位为以高铁为主体的综合交通枢纽，引入F2、F3线、昌福高铁（预留）和福龙高铁（预留），并设置联络线与福平铁路贯通，实现沿海通道与京台通道的贯通运营，高标准配套轨道交通线路，实现轨道交通高效衔接；长乐东站定位以城际铁路为主体的综合交通枢纽，引入福平铁路和规划福清至长乐东站城际铁路，实现京台通道与城际铁路的换乘。

第三节　便捷之城的骨架交通

坚持高快一体的目标，构建内外联通、便捷顺畅的骨架交通体系实现双城融合；落实以人为本的理念，构建层次分明的内部干路网络；体现效率优先的原则，在重点片区引入窄路密网与交通组织融合的新理念，形成片区交通新架构。

一、便捷顺畅的骨架路网

2017年《福州滨海新城骨架交通研究及启动区总体交通设计》规划形成"三横一纵"的快速路体系，包括机场快速、东南快速路、青江快速路以及泽竹快速路，服务滨海新城长距离跨组团的快速机动化联系需求。

2022年，结合福州都市圈高快速网一体化的发展战略和目标，构建福州主城至滨海新城"高快一体"的骨架路网迫在眉睫。《福州新区核心区综合交通体系规划》以高速路和快速路一体化融合发展为抓手，规划形成"五纵八横"高快速交通网络（图7-3-1），"五纵"为沈海高速、猴玉快速路、绕城高速-长福高速、泽竹快速路和文松路-元洪至松下快速通道；"八横"为机场第二高速、机场高速、滨海新城高速、东南快速路、青江快速路、京台高速、福清高速东延线和清繁快速路。

二、层次分明的城市路网

滨海新城规划形成"七横四纵"的交通性干路体系，服务滨海新城内部交通联系需求。滨海新城道路网规划充分重视次支路网建设，贯彻落实中央城市工作会议精神，优化街区路网结构，树立"窄马路、密路网"的布局理念（图7-3-2），核心区道路密度超过8公里/平方公里。规划滨海CBD片区路网密度达到9公里/平方公里，地块尺度100～150米，开展单行交通组织，提升路网运行效率和交通服务水平。

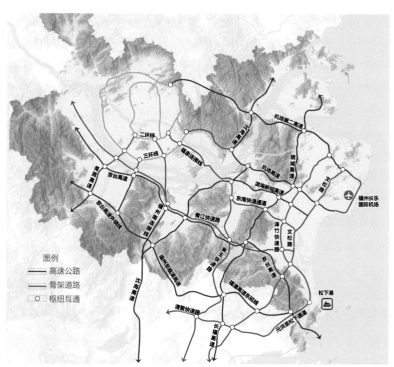

图7-3-1　福州新区核心区高快速路网规划图
（来源：《福州新区核心区综合交通体系规划》，作者自绘）

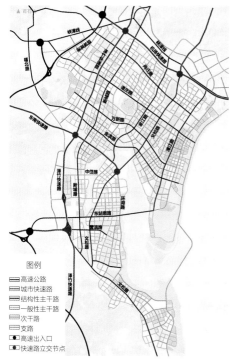

图7-3-2　滨海新城道路网规划图
（来源：《福州滨海新城骨架交通研究及启动区总体交通设计》，作者自绘）

　　滨海新城道路规划改变传统道路断面设计流程，先确定道路等级和功能，细化各类功能尺寸，形成初步断面布置，再根据是否有停车、公交港湾站和交叉口渠化要素校核确定最终断面。横断面设计中，严格控制关键要素尺寸，包括人行道最小通行区宽度，非机动车道最小宽度，主、次干路机动车道与非机动车道绿化隔离等，最终规划形成道路横断面方案如表7-3-1所示：

滨海新城骨架道路横断面图　　　　　　　　　　　　表7-3-1

等级	规划横断面图
结构性主干路	
一般性主干路	
次干路	
支路	

（图片来源：《福州滨海新城骨架交通研究及启动区总体交通设计》，作者自绘）

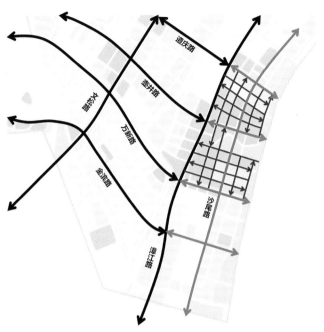

图7-3-3　CBD片区单向交通示意图
（来源：《福州滨海新城骨架交通研究及启动区总体交通设计》，作者自绘）

三、效率优先的窄路密网

借鉴先进城市的交通服务理念，滨海新城启动区范围内道路网络落实"窄马路、密路网"理念，骨干路网间距350米，总体采用方格网布局模式，依水系、山体形态进行优化，形成"四横四纵"的启动区路网骨架，四横为尚迁路、道庆路、万新路、金滨路，四纵为新城路、金江路、文松路、漳江路。启动区26平方公里范围内，道路面积率为26%，总体道路网密度为8.13公里/平方公里。

滨海新城启动区的核心区域是落实"窄马路、密路网"理念的重点区域。核心区由漳江路—道庆路—万新路围合区域，面积约1.5平方公里，道路面积率达35%，道路网密度为12.54公里/平方公里，道路面积率、道路网密度与纽约曼哈顿地区基本相当（图7-3-3）。

第四节　便捷之城的公共交通

规划构建以轨道交通和常规公交为主体，体现新区发展特色的现代公共交通体系。其中轨道交通系统覆盖客流主走廊，衔接对外交通枢纽，承担重要组团间联系功能；常规公交系统区分骨干与支线网络，形成以枢纽为"锚点"的分层次网络组织，提高公交可达性。

一、地铁线网四通八达

2017年滨海新城建设初期即提出构建多层级轨道交通网以强化双城间快速联系，其中城际铁路F1线串联福州主城区、滨海新城至福州长乐国际机场，6号线终点调整至滨海新城核心区。目前，地铁6号线一期已经建成通车，6号线东调线及城际铁路F1线正在建设中。至2025年，实现主城区与滨海新城30分钟轨道直达。

2022年，因城际铁路F2、F3线规划方案显著改变新区铁路格局，在原规划地铁线网的基础上，2035年规划新增东西向地铁线路，强化滨海新城与长乐老城区的轨道交通联系，新增南北向地铁线路加密滨海新城线网覆盖，并向西调整地铁13号线中段衔接福州新区站，向南延伸地铁13号线衔接市域S3线、服务长乐南站。从总体上打造"T"型轨道交通线网，缩短福州主城与滨海新城时空距离，促进双城融合（图7-4-1）。

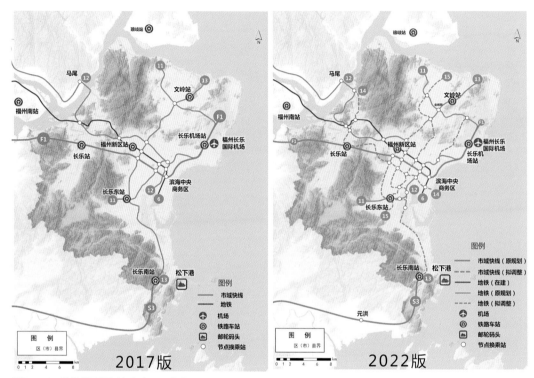

图7-4-1　轨道线网规划方案（2035年）
（来源：《福州新区核心区综合交通体系规划》，作者自绘）

二、公交场站均衡覆盖

滨海新城规划借鉴香港、深圳等城市的建设经验，从规划布局、建设形式与用地整合等方面进行了深入研究。

1. 依据各组团公共交通需求均衡布局场站用地

以实际需求为导向，注重公共交通与对外交通枢纽的有效接驳和各社区居民的方便出行，规划布局公交场站33个，其中公交停保场2个、公交枢纽站6个、公交首末站25个。

2. 鼓励公交场站采用配建及综合开发的模式

通过商业综合开发模式、商务综合开发模式、居住综合开发模式、综合集成开发

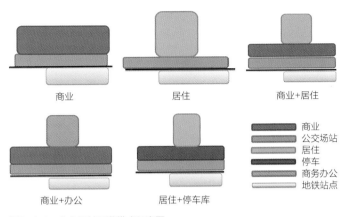

商业

居住

商业+居住

商业

公交场站

居住

停车

商务办公

地铁站点

商业+办公

居住+停车库

图7-4-2　公交场站开发模式示意图
（来源：《福州滨海新城骨架交通研究及启动区总体交通设计》，作者自绘）

模式，实现公交场站与商业设施、商务设施、居住用地的复合开发，集约化利用土地资源。

公交场站布局采取独立占地公交场站与非独立占地公交场站相结合的模式。其中，城市外围居住区及中低密度开发的产业片区可采用独立占地的公交场站，城市核心区（如城市CBD片区、商业区）及交通枢纽区域（如长乐东站、重要轨道交通换乘节点）则以非独立占地公交场站（综合开发）为主（图7-4-2）。

三、站城一体示范引领

滨海新城CBD中央商务区是按照福州城市副中心进行高标准打造的商务商业集中区，也是福州滨海新城践行站城一体开发的典型案例。项目基于《福州滨海新城核心区地下空间专项规划》CBD地下空间规划指引，并在后期进行大量的专题研究和详细设计，形成目前的建设方案。

1. 人车分离高效集散

地下环路位于壶井路、漳江路、福海路和沙尾路等市政道路下方，采用逆时针交通组织，全长约1.67公里，分别于漳江路、壶井路、沙尾路上设置"四进四出"8条接地匝道，地下二层的环路系统则解决了CBD核心区内的主要到发交通，并且与外围市政快速路网系统高效衔接，大大提升了CBD的交通疏散效率（图7-4-3）。结合中央公园地面景观，建立地面人行中轴；结合建筑裙房和塔楼，建立二层人行步道；结合地面景观主轴与轨道交通换乘节点，打造地下空间人行主轴，建立地下一层人行大平层，创造尺度宜人的城市街道空间，形成充满活力的人行活动场所。

2. 立体交通无缝换乘

依托TOD站城一体化设计理念，对轨道交通换乘站点周边进行高密度、高强度开发。地下一层为综合换乘大厅，与中央公园形成的一体化空间，将地下出租车上客区、公交场站及城市航站楼连接形成南北向交通枢纽换乘轴线。同时，结合滨海新城CBD地区商务功能，在输配环设置城市航站楼，提高区域中心和交通枢纽的能级（图7-4-4）。

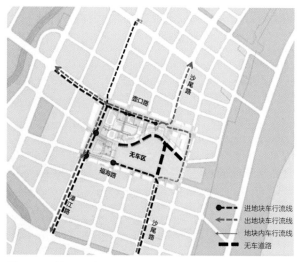

图7-4-3　输配环区域地面交通组织
（来源：《滨海新城CBD核心区输配环区域工程概念方案》资料）

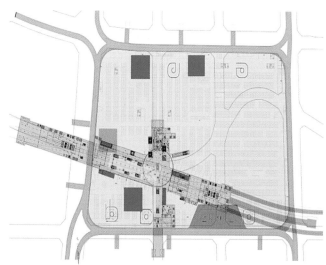

图7-4-4　输配环交通换乘示意图
（来源：《滨海新城CBD核心区输配环区域工程概念方案》资料）

第五节　便捷之城的慢行交通

　　福州滨海新城河网纵横、蓝绿交织，宜居型城市尺度、多样化生态环境极适合打造综合生态、绿色低碳的活力空间。新城规划之初，前瞻性落实"公共交通+慢行"交通发展战略，通过"构建安全、连续、便捷、特色的慢行空间网络系统"来解决末端3公里问题，构筑一个全面、整合的体验新城品质生活的网络，打造"既现代，又适宜步行与骑行的城市"。

一、他山之石

　　国内外对慢行系统进行了实践探索，取得显著成效。例如，美国波士顿"翡翠项链"是全世界最早的城市绿道系统之一，长达25公里，绿道的整体性、连续性强，以河流、水系等自然开敞空间为路径串联公园绿地，而且允许非机动车进入。例如，英国凯恩斯新城建设的最大成就是构建了一套人车分离的城市道路系统，自行车道网络与机动车道网络相互独立，保障了自行车交通安全性、效率性和优先性。

　　在福州滨海新城慢行系统规划建设时，他山之石经验主要如下：

　　（1）经济发展水平高的城市，自行车交通也有很大发展空间，自行车专用路可有效提升自行车出行率。

（2）核心城区、商贸中心等机动车交通难解决的区域，更要推行绿色交通、慢行交通优先，尤其注重发展步行、自行车与轨道交通接驳功能，实现客流互促。

（3）完善的自行车道、步行网络是自行车、步行交通发展的基础，局部地区有代表性的慢行区是城市的形象和活力的缩影。

（4）重视慢行系统的规划和建设，保证慢行系统路权的连续性。

二、安全舒适的人本理念

滨海新城慢行系统重点突出"临海、环湖、滨河、环城"的生态与城市特色，打造空间独立的步行、自行车专用路，舒适宜人的步行、自行车游憩路，便捷高效的步行、自行车通勤路。

（1）连续完整的慢行网络：统筹串联和整合区域内金融商贸和文化、旅游、开放空间等资源，将不同等级道路的步行道、自行车道形成网络，增加地区活力和魅力，增加出行选择性。

（2）方便高效的慢行设施：因地制宜结合重大项目和地区吸引点，紧密衔接轨道交通和地面公共交通体系等交通方式，做到高效便捷。

（3）安全舒适的慢行环境：通过合理路权分隔、保护措施与引导设施设置、林荫道的营造，保障慢行使用安全，引导市民绿色出行、节能减排，缓解环境污染。

（4）优质特色的慢行空间：区分通勤与休闲需求，保证慢行空间和环境品质，选取适宜线路进行特色优化提升，增强吸引力。

三、环网畅达的时尚出行

综合考虑滨海新城的城市空间格局、用地规划、生态廊道系统、道路网络和公共交通系统，以旅游景观资源和开发空间为重要节点，构建环网畅达的慢行交通系统。特别地，全国首次探索成体系规划布局自行车专用路系统，在滨海新城核心区打造长达75公里的特色骑行通道，打造时尚出行新方式。

1. 环网畅达的慢行系统

滨海新城慢行系统主要分为依托市政道路建设的生活通勤型慢行系统和单独建设的自然休闲型慢行系统，能够保证满足市民的多样化需求。其中，生活通勤慢行系统依托市政道路建设，用于日常生活、工作通勤，保障慢行系统的全覆盖、可达性、安全性和便捷性；自然休闲型慢行系统包括休闲步道与自行车专用路，休闲步道依托公园、滨河绿地建设，满足市

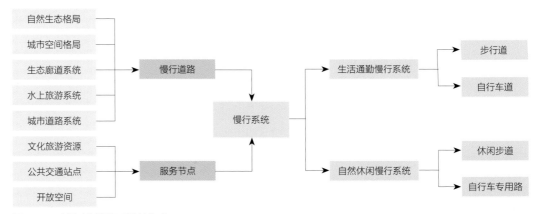

图7-5-1　滨海新城慢行系统的构成
（图片来源：作者自绘）

民滨海、环湖、沿河、达山、通公园的休闲需求。全域慢行系统的路网密度高达9.6公里/平方公里，同时预留了相应线位与空间，充分保障公众从容地步行与骑行（图7-5-1）。

对于生活通勤型慢行系统，结合步行交通聚集程度、地区功能定位、公共服务设施分布和交通设施条件，将滨海新城划分为核心、优先、保障等三类慢行区，并进行差异化引导控制慢行系统建设。生活通勤型慢行系统约643公里，路网密度8.04公里/平方公里（不含社区道路）。不仅在道路横断面设计中优先满足行人、自行车和公共交通的空间要求，而且结合相邻地块的功能，充分利用3~5米的共享空间带营造步行氛围，实现建筑空间与慢行空间的融合和渗透，提升街道活力与品质，打造人文关怀的步行城市。

自然休闲慢行系统主要联系体现滨海新城特色的自然节点及历史人文景观、城市公共空间等人文节点的休闲旅游网络。规划四类休闲慢行系统，长约207公里，路网密度达2.6公里/平方公里。其中，滨海休闲慢行道是依托滨海大道连接滨海地区的自然和人文景观资源，形成连续的自行车道、林荫步道和滨海栈道；环东湖休闲慢行道是围绕东湖及湿地地理环境，打造针对性的森林、湿地、水上等不同体验的木栈道、林荫径、水上游道和自行车道；滨河休闲慢行道是结合滨海丰富的河网水系，串联滨河公园与公共空间的慢行休闲道；城市生活休闲慢行道体现城市道路的功能复合性，展现城市景观特色。

2. 功能复合的时尚出行

在滨海新城核心区规划长约75公里的自行车专用路系统，形成功能复合的时尚出行体验。

（1）滨海新城自行车专用路的功能定位

滨海新城自行车专用路是专门供自行车骑行的空间，其定位是快速通勤、独立路权和畅通连续廊道，平均时速20～35公里/小时。相对于非机动道和绿道，其更强调快速性、连续性、安全性和优先性，服务水平更高。

（2）滨海新城自行车专用路的规划原则[13]

①为保证服务覆盖性，应串联组团中心、重要公共设施和重要旅游节点，重点保障快速通勤的需求；同时营造多功能复合活力空间，兼顾运动健身、休闲观光的多样化需求。

②为保证落地经济性，线路以地面型为主，特殊情况下可采用高架形式。

③为保证线路连续性，应因地制宜地协调市政道路和滨河绿地进行选线（图7-5-2），以尽量减少对滨河公园空间的影响为原则，线位尽量布置在滨河绿地外围的市政道路边侧。

④为保证节点通过性，应重点解决交叉口无障碍通过，采取过街天桥、桥底下穿、过河专用桥等立体过街方式。

（a）位于路侧的自行车专用路   （b）位于绿地内部的自行车专用路

图7-5-2　滨海新城自行车专用路的横断面布局形式
（图片来源：作者自绘）

（3）滨海新城自行车专用路的网络分级

因地制宜分级建设自行车专用路，形成网络以提高服务水平。福州滨海新城自行车专用路可分为两级（图7-5-3）：

①一级路，也称自行车高（快）速路，作为自行车专用路的网络骨架、快速通道，平均时速30～35公里/小时。一级路长43公里，形成四个环线，专用串联南北组团核心和东湖、数字中国会展中心、壶井村等滨海重要节点，全程无障碍连续通过。

②自行车专用二级路，作为一级路的网络基础、联络通道，便捷串联各地铁站点、海蚌公园等公共建筑、景观节点，提高网络覆盖率，平均时速20～30公里/小时。

以道路非机动车道和绿道来串联前述自行车专用路，可实现自行车出行便捷全覆盖。在福州滨海新城核心区，全域内自行车骑行5分钟可进入该专用路系统。

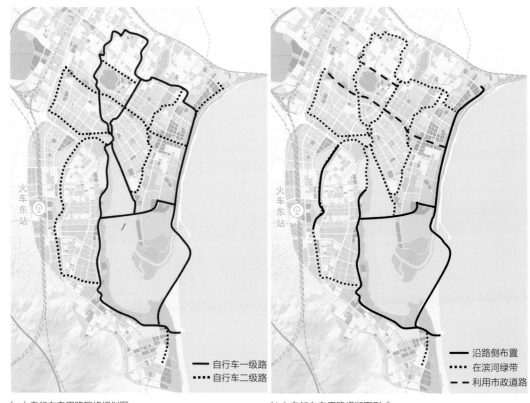

（a）自行车专用路网络规划图

——自行车一级路
········自行车二级路

（b）自行车专用路横断面形式

——沿路侧布置
········在滨河绿带
－－利用市政道路

图7-5-3　滨海新城自行车专用路的网络与横断面布局图
（图片来源：作者自绘）

（4）滨海新城自行车专用路的复合功能

滨海新城自行车专用路具有以下显著特点：

①因地制宜立体过街。充分依托新城地形地貌，通过过街天桥、桥底下穿、过河专用桥、道路下穿涵洞等立体过街方式（图7-5-4），无障碍通过道路交叉口，保证自行车骑行的连续性与安全性。

②无障碍联系南北组团核心和重点旅游节点。保证了骑行的全覆盖，全域内自行车骑行5分钟可进入该网络。通过该专用路，骑行者可以纵情穿梭滨海新城，无障碍到达各大组团核心、海滨、东湖、壶井等重点节点，无缝对接地铁站点和公共建筑（图7-5-5）。

③营造多功能复合活力空间。不仅保障上下班高峰期的自行车快速通勤，而且兼顾平时运动健身、休闲观光的多样化需求，还可作为"铁人三项"等赛事的场地，打造生态、绿色、低碳的活力空间。

图7-5-4 滨海新城
自行车专用路的节点
通过方式意向图
（图片来源：作者自绘）

图7-5-5 滨海新城
自行车专用路意向图
（图片来源：作者自绘）

第八章

脉络支撑，基础共筑

　　市政基础设施，是经济社会发展的重要支撑，是城市安全有序运转的坚实保障。新时期，高质量发展导向下，绿色、韧性、智慧、集约逐渐成为市政基础设施发展的新趋势，也是新城规划建设的新命题。面对挑战，滨海新城建城伊始即全面落实新理念，以建设系统完备、韧性安全、低碳集约、智能高效的高质量设施体系为目标，统筹重点与全局、存量与增量、近期与长远、传统与新型，目标指引，系统谋划，全域协同，为构建"智慧创新之城、开放活力之城、绿色宜居之城"筑牢基础（表8-0-1）。

滨海新城基础设施发展指标一览表　　　　　　　　　　　　表8-0-1

指标体系	编号	具体指标		2035年
低碳集约	1	供水	万元GDP用水量（m³）	≤50
	2		中水回用率（%）	≥20%
	3	排水	雨水资源化利用率（%）	≥4%
	4		城镇污水处理率（%）	100%
	5		污水厂尾水排放标准	全面达到一级A
	6	水环境	年径流总量控制率（%）	≥70%
	7		地表水水质	达到Ⅳ类
	8	电力	新能源和可再生能源比重（%）	≥20%
	9	燃气	天然气气化率（%）	90%
	10	环卫	垃圾分类收集率、无害化处理率（%）	100%
	11		生活垃圾回收资源利用率（%）	≥40%
	12		工业固体废物综合利用率（%）	≥90%
韧性安全	13	供水	水源	双水源+应急备用水源
	14	水环境	水面率（%）	≥10%
	15		径流系数	≤0.5
	16		洪峰削减率（%）	≥30%
	17	电力	供电可靠性（%）	99.999%
	18	通信	高速宽带无线接入覆盖率（%）	100%
	19	燃气	气源可靠性	多源多向+应急状态下保障3天不断气

　　新理念下，围绕目标定位，滨海新城规划实践注重市政设施在"面、点、线"多层次间的协调融合，构建了完善的市政基础设施体系。"面"：从区域层面对市政基础系统进行了统筹研究，分析确定全域设施总体架构、发展规模；"点"：按照融合共享、集约建设的原则，对各类场站设施的选址进行精准落位；"线"：基于时空视角统筹布局各类市政管线。

第一节　智慧高效的坚强电网

电力是城市发展的"引擎"，为保障安全、可靠的电力供应，滨海新城致力于构建"结构合理、多能互补、智慧高效"的坚强电力网架，强化电力支撑，满足负荷增长需求。

结合规划定位与产业特点，滨海新城电网遵循"适度超前、分层分区、系统成环、智慧融合"的理念，科学预测电力负荷，统筹落实变电站选址及高压廊道，按A/A+负荷密度区高标准推进电力建设，形成以500千伏超高压为核心、220千伏输电网和110千伏高压配电网为骨架的分层分区、高度智能的供电体系。

一、以实施为导向，精细管控电力设施布局落位

以电力设施标准化建设模块为指引，结合选址用地条件，面向规划实施，精准确定各等级变电站用地边界，确保变电站建设项目顺利落地实施。规划新建2座220千伏变电站（演屿变、董奉变），10座110千伏公用变电站（四站变、沙尾变、门楼变、漳东变、白眉变、大架变、壶井变、屿北变、东山变、海湾南变），均予以控制预留。针对大数据产业园内高负荷（大于40兆伏安）用电企业，规划采用地块内自建专用变的模式供电（图8-1-1）。

电网构建中，新城建设范围内高压线路均采用埋地缆化，路由上综合研究变电站选址和道路建设时序等因素，多方案比选论证，科学确定高压联络廊道路径最优方案。220千伏、多回110千伏线路的高压廊道考虑结合综合管廊统一建设。

图8-1-1　220千伏董奉变电站鸟瞰图
（来源：国网福建省电力有限公司福州市长乐区供电公司）

二、基于规建管一体化模式，高效保障电力设施实施落地

电力设施建设全周期为"规划—前期—计划—实施—投产—配出"，各个环节缺一不可。滨海新城电网规划建设中梳理形成电力设施"一图一表"，融入新城规建管一体化系统，形成高效简洁的审批管理机制，实施过程中可根据建设条件对变电站站址、高压廊道进行弹性调整和动态维护，简化审批流程，加快项目推进实施。

三、持续优化能源结构，积极推进分布式能源建设

滨海新城坚持绿色低碳发展战略，统筹能源结构布局，积极引入风电、屋面光伏等可再生能源，推进电源结构向清洁化、低碳化方向优化调整。

滨海新城充分利用长乐外海风电、大数据产业负荷特点，规划配套相应规模的储能站，构建区域源网荷储一体化试点，提高周边新能源消纳能力，建设更加智慧高效的电力供需新格局。通过平价海上风电的就地消纳，提高区域绿色电力供给；同时提升区域电网与大电网的友好互联，减少公用电网投资和全社会输配电价成本。

四、加速数字化赋能，打造智慧高质量电网

滨海新城电网规划建设中注重传统基础设施与智慧新基建的融合共生，以数字化赋能电网升级，推动电网高质量发展，六年来成效显著：滨海新城核心区建成1座220千伏变电站，6座110千伏变电站，供电容量增加1232兆瓦，用电负荷增长87.68兆瓦，年用电量增长2.17亿度。

滨海新城率先试点建设数字孪生电网，现已初步建成了可观测、可描述、可预测、可控制、可互动的智慧电网（图8-1-2）。以220千伏董奉变为先行示范，推广应用集变电站、数据中心、充电设施于一体的"多站融合"智慧变电站；建成投用福建首个数字化配电区，

图8-1-2 滨海新城数字孪生电网监视图（来源：国网福建省电力有限公司福州市长乐区供电公司）

实现经营管理数字化、生产作业智能化、客户服务智慧化。

第二节　高速泛在的通信系统

信息通信设施是数字经济发展、智慧城市建设的基础支撑。为全面提升通信网络的服务质量，支撑大数据产业发展，滨海新城遵循"共建共享、高点定位、创新协调"的规划理念，健全完善新一代高速移动、安全泛在的信息基础设施体系，全面推进5G、千兆光纤网络及数据中心（IDC）等新型基础设施建设。

一、共建共享，集约资源布局通信设施

滨海新城信息通信领域以设施共建共享为重点，深入推进通信局楼、管道及基站等基础设施集约共建、协同共享，满足不同运营商的发展需求。

聚焦新基建，协调移动、电信、联通三大运营商，集中打造区域级数据中心，支撑滨海新城建设；积极探索打造5G场景创新示范区，结合市政路灯、公园绿地、道路空间、停车场所布设通信宏基站710处，实现核心区域全域覆盖；集约利用道路空间，通信管道根据路侧用地性质和开发强度，按需求差异化布局管道规模，统筹规划，统一建设。

二、功能融合，助力大数据产业集聚发展

图8-2-1　中国移动东南数据中心建设实景图
（来源：中国移动通信福建分公司）

滨海新城通信系统构建中强化资源整合，将传统通信局楼和新型数据中心融合建设、就近接入，满足了大数据产业园高带宽、低时延的通信需求，为产业园的高速发展提供保障。现阶段滨海新城大数据产业发展已初具规模：政务云、企业云功能越发完善；移动、电信、联通、东南医疗大数据等数据中心陆续投运（图8-2-1）。

积极引入5G通信技术，利用超高速率、超低时延、超高移动性，实现"信息随心至，万物触手及"的通信目标。通信基站部署了用于NB-IOT的800M及1800M等专用频段，为滨海新城物联网技术的应

用及发展提供坚实的平台，满足智慧城市、产业升级、车联网等多样信息化应用，确保滨海新城信息化与移动通信网络、宽带网络发展水平保持领先地位。

三、多杆合一、创新模式推进基站落地实施

针对基站建设实施中的问题，优化审批流程，推动制定了《福州市通信基站规划建设导则》，更好地指导基站落地实施。通信基站建设充分体现效益性、景观性，推进多杆合一、多箱合一的典型化、标准化建设模式，以共享需求为导向，探索公共资源与信息基础设施共建共享的建设模式，截至2022年底滨海新城已建5G基站逻辑站点200余处，实现了滨海新城5G信号的优质覆盖。

第三节　可靠安全的燃气系统

滨海新城燃气系统规划建设坚持"统一规划、互联互通"的原则，以"优化燃气设施布局，提高管道气化水平"为导向，优先发展利用天然气，持续推进"以天然气供应为主导，液化石油气为辅"的供应格局，旨在构建一个从源头到终端、全过程、全周期、多源多向、安全可控、经济可行的燃气输配供应系统（图8-3-1）。

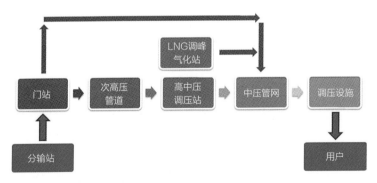

图8-3-1　滨海新城燃气输配供应系统
（来源：作者自绘）

一、可靠安全，全链条强化供气安全性

构建完善的供气网络，次高压管互联互通，中压主干管成环布置，充分保证管网的可

靠性和输气能力。"一横两纵"次高压管连通着门站和各个调压站，实现从西、北、南三个方向滨海新城供气。

建立完备的应急保供系统，全天候保障系统安全运行。依托调压站形成燃气调峰、应急储备能力，确保一旦上游供气系统出现突发事故时，满足3天的用气需求。落实"1+N"抢维修调度中心、站点布局，适时监测管网运行参数，及时、快速、有效处置突发事故，提高抢维修应急响应能力（图8-3-2）。

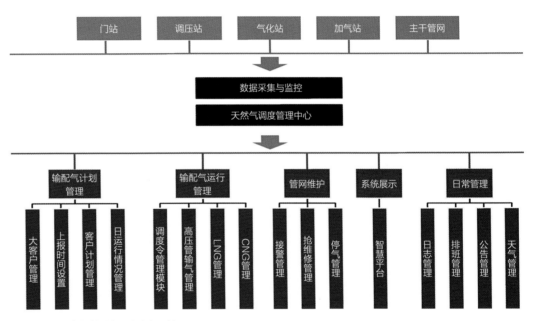

图8-3-2　滨海新城燃气调度中心系统
（来源：作者自绘）

二、绿色清洁，全面提升天然气气化率

衔接空间规划，统筹落位调压站，预留安全间距，化解"邻避效应"，确保调压站建设顺利推进，规划新建江田调压站、古槐调压站和漳港调压站，全方位为滨海新城提供稳定的气源。

贯彻"远近结合、管随路建"的原则，结合市政道路的建设，同步敷设燃气管道，提高管网覆盖率。

整治瓶装燃气领域，严格管控新建的液化气站点，引导既有瓶装液化气供应点有序迁出滨海新城。

三、统筹协同，多途径实现供气经济性

基于发展规划、产业研判，结合现状用户调查，科学预测用气量，合理确定设施规模。

以场站布局为基础，针对选址场地条件的差异，深化选址总平方案，高效集约利用土地，提高征地经济性（图8-3-3）。

结合目标用户分布，优化支管敷设，尽量靠近用户，以最优、最短路径实现用户供气。

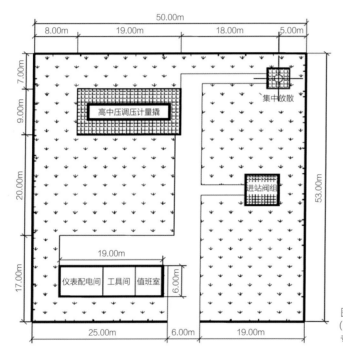

图8-3-3　燃气场站总平布局图
（来源：《福州滨海新城核心区燃气工程专项规划》）

第四节　清洁低碳的供热系统

集中供热是现代化城市的基础设施之一，也是城市公用事业的一项重要设施。为落实国家"碳达峰、碳中和"行动部署，推动新城节能减碳，发展绿色低碳经济，滨海新城依托华能电厂，科学利用电厂蒸汽资源，面向滨海新城全域提供清洁低碳的集中供热（冷）服务。

滨海新城供热系统以华能电厂为热源点，采用先进的长输管网技术，通过长距离供热管道向产业园区集中供热，实现滨海新城用热企业无煤化生产，彻底根除安全隐患，推动传统

支柱产业实现绿色制造，为打造"清新滨海"靓丽的城市名片作出积极贡献。

　　基于电厂蒸汽资源，滨海新城进一步推广实践"冷热电"三联供模式，利用低压蒸汽驱动溴化锂设备制冷及制热，满足东南大数据产业园制冷和采暖需求，并为包括职教城提供"冷—热—电联供"服务，深度挖掘余热利用潜力，实现了能源梯级高效利用，助力新城"双碳"目标实现（图8-4-1）。

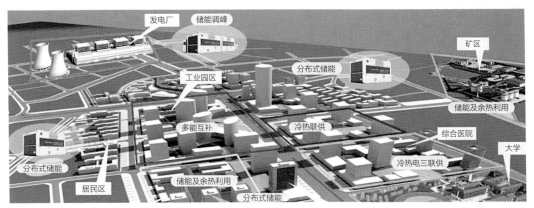

图8-4-1　滨海新城"冷热电"三联供模式示意图
（来源：华能（福建）能源开发有限公司滨海新城集中供热建设方案）

第五节　集约高质的供水系统

　　水是维系生态系统的命脉所在，供水系统是城市发展的生命线。滨海新城深入贯彻"以人为本，全面协调"的新发展理念，以整体性、安全性、经济性、生态性、实施性的原则，协调推进水资源集约安全利用，高质量实现滨海新城供水安全和供水质量的保障。

一、构建水资源一体化配置新格局

　　滨海新城通过水域水系、水质、水资源分布等因素的评估分析，跨流域配置水资源，从"内部挖潜、外部调配"两方面着手保障供水安全。内部挖潜：依托三溪水库及闽江炎山泵站取水口，辅以新建及改扩建新田水库、院里水库、龙潭峡水库和石门水库等4座小型水库，保障战略备用水源；外部调配：结合"一闸三线""一库两线"等大型调水工程，跨流域调水解决滨海新城自身水资源不足问题。远期形成以大樟溪引水为主，原炎山取水口水源

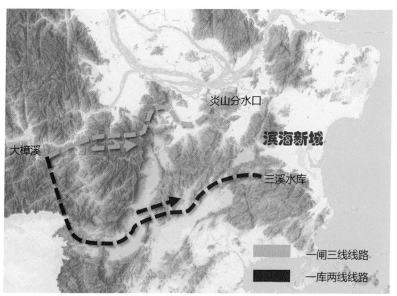

图8-5-1　滨海新城水资源调度示意图
（来源：作者自绘）

为辅，本地水库（三溪水库）为战略备用水源，多源互补的供水格局。截至2022年底，"一闸三线"调水工程已经通水，长乐区主水源顺利切换至大樟溪水（图8-5-1）。

二、建立供水安全保障新体系

滨海新城供水系统通过合理划分供水分区，弹性预留设施发展空间，分区间设施集成共享等途径提高供水效率。滨海新城布局了东区水厂、远航水厂、滨海水厂，三水厂联合供水服务长乐全域，覆盖滨海新城。为进一步保障滨海新城水源，提出预留首占水厂，服务于长乐老城，从而释放远航水厂供水能力，将其服务能力进一步往滨海新城倾斜，确保滨海新城长远发展。

滨海新城供水系统构建中将居民的生命安全和健康放在首位，全力提高供水水质：跨流域调取优质水源，为抵御日益严重的闽江口咸水上溯问题，滨海新城将全面切换为大樟溪水源；高效设计输配水系统，通过持续新建高品质供水管网，以及有序替换老旧管网，减少输配水换节的水质污染，进一步提高供水品质。

三、打造水务可持续高质量发展新标杆

城市再生水作为一种非常规水源，其所具备的"一水多用、循环利用"的特性能有效提

高水资源利用率，优化水资源整体配置结构，削减对水环境的污染负荷，维持健康水生态。滨海新城积极建立和完善再生水系统，在内河生态补水、工业循环冷却用水、绿化景观用水以及市政浇洒用水等领域大力推广利用再生水，打造"再生水"循环链。

在新一代信息技术的推动下，智慧水务成为传统水务转型升级的重要方向。滨海新城全方位推进基于物联网的智慧供水系统，通过传感器、智能水表等设备对供水系统"从源头到龙头"实时远程监控，并利用互联网技术进行数据传输和分析，从而实现对供水系统的全程智能化管理和优化调度。截至2022年底，滨海新城已经建成智慧水务管理平台，并应用于生产运维中。平台对滨海新城供水系统全面监控、智慧调度，有效提高了供水服务水平。

第六节　安全韧性的雨水系统

滨海新城在创新理念指引下，通过多专业协同设计，构建了低影响开发雨水系统、排水管渠系统、超标雨水排放系统的三层次排水格局，并融合智慧排水平台，形成规建管一体化排水防涝体系。

一、低影响开发雨水系统

在海绵城市"渗、滞、蓄、净、用、排"理念指引下，滨海新城从水生态、水环境、水安全、水资源四个方面着手，多措并举，有效控制内河污染，充分保障水安全，在提升雨水资源化利用率的同时，降低了水资源消耗，实现城水和谐相融。

二、排水管渠系统

雨水管渠系统与竖向高程控制紧密协同，互动优化，管渠顺坡敷设，形成高效经济的雨水管网布局。针对南方平原地区水系众多情况，规划雨水系统采用压力流思路设计，确定淹没出流的排放模式，雨水相邻子系统之间互联互通。"手拉手"式的管网布局极大增强了管渠的排水能力，也为近远期结合的建设时序提供了冗余空间。

三、超标雨水排放系统

根据用地布局和竖向高程，结合径流模拟结果，打破常规，利用次要道路、城市绿地构建超标雨水地表行泄通道，在滨海新城面临超标暴雨时，能以地面径流形式，有效协同管网，将雨洪快速引入河道，增强暴雨下排涝除险能力，内涝积水深度得以控制在15厘米以内，保障城市安全。

第七节　稳健平衡的污水系统

随着我国城市的快速发展，地下管网建设相对滞后，许多城市均出现污水系统无法满足排水需求的问题。滨海新城污水系统的规划建设通过借鉴老城区的经验教训，大胆进行创新改进，规划建设之初就明确提出基于规建管运一体化的系统化治污方案，确保污水系统安全可靠、稳健平衡。

一、规建管运合一，坚定执行雨污分流排水体制

规划之初就创新性的提出"规建管运合一"治污思路，坚定采用分流制排水体制，杜绝出现雨污混接现象，简化排水系统、降低管网系统造价及后期管理运营难度：从源头管控建筑立管，新建建筑屋面单独设立雨水立管，阳台排水接入污水立管，从源头上杜绝立管混接；对地块雨、污水接驳预留支管进行管控，并要求市政道路建设与地块建设动态对接，掌控支管预留位置，杜绝地块排水混接；排水户管控，每个建筑小区作为独立排水户，雨污水接驳上报审查，沿街店面等分散排污点全部接入建筑小区内部管道，杜绝排水户混接以及分散排污口；后期管理部门在接驳检查井安装在线水质水量检测仪表及视频监控设施，对每个接驳口进行实时监控，杜绝混接，以期完全实现雨污分流。

二、优化污水设施格局，采用相对集中的污水处理模式

采取集中与分散相结合的设施布局模式，在地形能够满足污水管网布置要求的前提下，尽可能扩大污水处理厂的服务范围，以实现经济效益和环境效益的最大化，同时有效解决污水长距离输送的安全风险。根据滨海片区的地形特点及地块开发时序，以机场高速公路、东湖为界，划分三个相对集中的污水收集区域：空港经济区、核心区北片、核心区南片及松下区域。保留现状滨海污水处理厂，服务于核心区南片及松下区域（规模15×10^4吨/日），规划新建空港污水处理厂（规模5×10^4吨/日）和东湖污水处理厂（规模10×10^4吨/日），分别服务于空港经济区和核心区北片。

三、多路由应急保障，布设污水收集双干管系统

借鉴过往管网运行经验，单一通道的污水干管系统难以保障污水转输安全，布设污水干管第二通道便于后续运行维护，以及意外事故的应急抢修，有效保障区域排水安全。结合路网、地铁的建设时序，滨海新城污水系统提出双干管系统，明确规划管位：东湖北部，在金江路、万沙路分别设置污水干管；东湖南部，在金江路—福北路通道、文松路—湖西路—迎湖路通道分别设置污水干管。同时，为实现双干管互联互通、互为备用，在双干管之间设置连通管，使上游污水具有两个转输通道，若一处干管发生意外事故，上游污水可由另一路转输，不需施工导水，也便于运营期清疏维护（图8-7-1）。

图8-7-1　污水处理厂及污水干管规划布局图（单位：mm）
（来源：作者自绘）

四、系统成片建设管道，近期形成污水主干管系统

贯彻"路随管走"与"管随路走"相结合的理念，从规划层面上推动污水管网系统化建设，结合地块、路网建设时序，成系统、成片区敷设污水管网。

推动"路随管走"，近期敷设进厂污水干管，包括文松路、金江路、马漳路、万沙路、湖文路、福北路等污水干管，以及新建东湖临时提升泵站、扩建2#泵站，建成污水转输主通道，同步建成道路，保障区域污水进厂处理。

推动"管随路走"，围绕近期重点建设区域，包括CBD和大数据产业园东片区等，结合片区路网建设同步建成污水管道，保障区域污水收集。

第八节　新型完善的环卫系统

应对未来垃圾收运的需要，通过收运模式的创新打造、环卫设施的均衡布局，形成"产生—收集—运输—处理"完备的环境卫生收运系统，实现环卫体系清洁作业、高效转运、处理分类、节省投资等发展诉求。

一、提出高效的垃圾转运模式

通过对各类潜在转运模式的分析，创新提出大中型转运站分类转运与密闭式垃圾分类压缩点转运相结合的模式，兼具直运模式效率优势和转运模式分类资源回收优势，作为密闭式垃圾分类压缩、分类转运模式的补充，保障了前端的灵活性与应变性。在转运模式中融入环卫车辆智能调度、GIS路线优化、智慧垃圾桶等理念，形成适宜性强、分类操作性强、高效清洁的城市垃圾转运体系（图8-8-1～图8-8-3）。

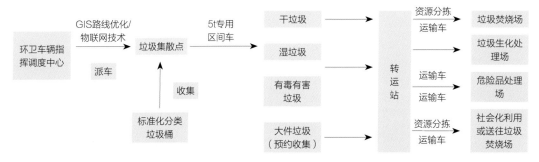

图8-8-1　大中型转运站分类转运模式示意图
（来源：《福州滨海新城核心区环境卫生专项规划》）

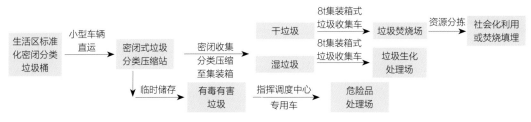

图8-8-2　密闭式垃圾分类压缩点转运模式（生活区）
（来源：《福州滨海新城核心区环境卫生专项规划》）

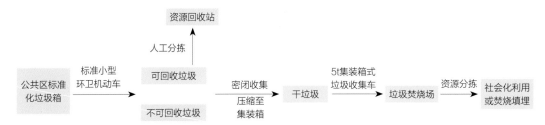

图8-8-3　密闭式垃圾分类压缩点转运模式（公共区域）
（来源：《福州滨海新城核心区环境卫生专项规划》）

二、构建均衡的环卫设施布局

密闭式分类压缩点布局充分考虑前端车辆的收集能力，实现2公里范围全覆盖；大中型转运枢纽站满足4公里范围全覆盖，设施建设采取地下、半地下的集约用地形式，地上结合绿地设置停车设施、活动场地等，保障景观风貌；较高标准设置公共厕所，三合一环卫设施；结合水域保洁工作，规划6处水域环卫码头和2处海飘垃圾专用码头，在沙滩区域设置海飘垃圾收集点。

在传统收集点—转运站的收运环节中增设垃圾集散点，实现垃圾直运的目标。制定《小区垃圾集散点（垃圾房）标准图集》，将前端收集设施定位定方式落地，保障新型环卫收运模式的实现（图8-8-4~图8-8-5）。

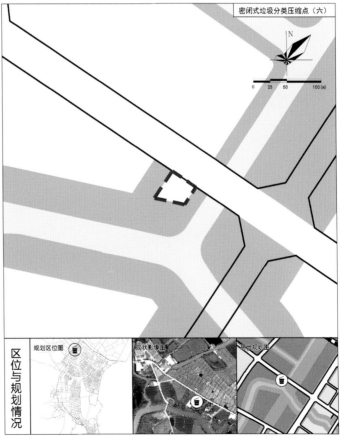

图8-8-4 密闭式垃圾分类压缩站图则
（来源：《福州滨海新城核心区环境卫生专项规划》）

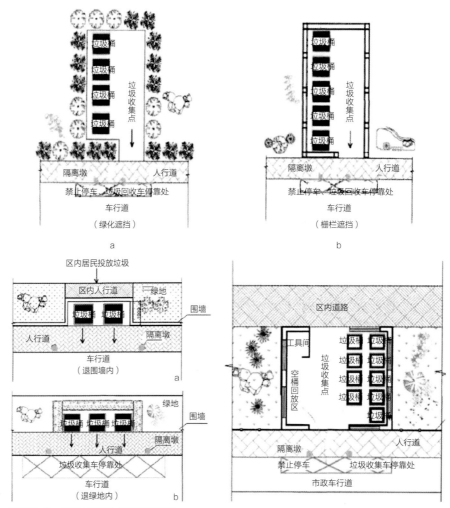

图8-8-5　小区垃圾集散点布局示意图
（来源：《福州滨海新城核心区环境卫生专项规划》）

三、贯彻数智化环卫管理理念

结合指挥调度中心，打造滨海新城智慧环卫"一张网"，依托物联网技术与移动互联网技术，对环卫管理所涉及的人、车、站、物、事进行全过程实时管理，通过垃圾传感器，合理规划最佳回收路径，提升环卫作业质量，降低环卫运营成本，实现行政监督，业务管理有迹可查、有据可依。

第九节　实用智慧的地下管廊

滨海新城为促进地下空间的集约化利用，结合轨道交通、城市道路、人防设施布局地下综合管廊，最大限度地纳入各类市政管线，便于各种工程管线的敷设、增设、维修和管理，降低运营维护费用，延长管道使用寿命。同时，综合管廊内工程管线布置紧凑合理，减少了路面杆柱及工程检查井等，节约城市用地，还可避免由于敷设和维修地下管线挖掘道路而对交通和居民出行造成影响和干扰，保护路面的完整和美观。

一、多因子组合确定综合管廊布局

针对滨海新城的实际情况，管廊布局综合考虑供水干管、高压电力走廊、流量较大的交通主干网络等影响因子，并结合地块开发强度，统筹布局管廊线路，对地下空间开发密集区域、地下道路沿线、高架桥沿线优先设置综合管廊，最终形成"局部成环、重点建设"的综合管廊布局系统，提高了地下空间的利用率，并充分保障滨海新城市政基础设施建设的可持续发展。

二、量身定制入廊管线与管廊断面

结合各管线规划，确定入廊管线为给水、电力、高压电力、通讯，并预留中水和温泉管位，全面保护管道、缆线，减轻后期运维压力。

高压电力敷设路段，综合管廊采用双舱断面形式：高压电力在独立舱室内敷设；给水管线、中压电力、通讯管线、中水和温泉管线同舱敷设，既考虑了安全经济，又为远期扩容预留了足够的空间。未敷设高压电力路段采用单舱断面形式。

三、结合地下空间开发同步实施管廊

在CBD区域规划综合管廊，建设时序保持一致，能够有效避免高强度开发区域后期管线维护、扩容造成的影响（图8-9-1）。

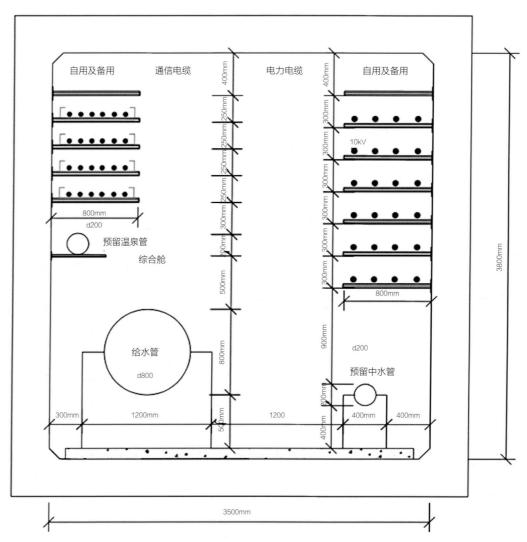

图8-9-1 单舱管廊断面示意图
（图片来源：《福州滨海新城核心区地下管线综合及地下管廊专项规划》）

第九章

韧性健康，安全之城

　　全球气候变暖导致极端自然灾害频发，突发性疫情等不确定性的不可预测性和防控难度使城市面临诸多挑战，为此迫切需要一个能应对新挑战的城市建设新模式。韧性的理念在20世纪初引入城市系统建设，迅速成为国际研究热点，并在美国、荷兰、日本等国家从理论转化成实践，用于提高城市系统抵御不确定因素的能力。

　　党中央和国务院把"创新"放在高质量发展的首要位置，提出创新是发展的第一动力。韧性城市是应对城市安全问题的新范式，为创新城市建设模式，将健康城市的理念和韧性城市的理念融入城市规划建设中，成为福州滨海新城高质量发展的重要抓手。

第一节　韧性健康城市内涵

　　对于健康城市，强调的是一个过程，并不是一个结果，是一个增量变化的过程，并不是为了简单的否定或者强化。"健康城市"是一个不断开发、发展自然和社会环境，并不断扩大社会资源，使人们在享受生命和充分发挥潜能方面能够互相支持的城市。

　　关于韧性城市的概念很多，其共同点可以理解为城市适应未来不确定性的干扰和冲击的能力。广义上，对城市系统产生影响的干扰因素既包含自然灾害和人为灾害，也包括不能归类为灾害的干扰，如城市人口的急剧增长、不断发展的社会生产力等，狭义上这种不确定性的扰动特指灾害。

　　通过理论分析和案例的梳理分析，我们认为健康城市的韧性特点体现在对突发烈性传染病的快速响应能力和快速恢复能力，韧性城市基础上的健康要求则体现在考虑应对超水准的灾害和突发事件，应重点考虑烈性传染病影响下的城市的韧性，强调城市建设中的一种状态和一个不断变化的过程。因此，健康韧性城市的内涵是城市面临超标准灾害和突发烈性传染病时具有较好的适应和响应能力，可以快速恢复各项城市功能；健康韧性城市规划是应对超标准灾害和新发烈性传染病的空间安排。

第二节　科学评估重大灾害风险评估

　　根据《福州市突发事件总体应急预案》，以及福州市、长乐市历史灾害和滨海新城未来发展规划特点，确定滨海新城面临的灾害包括气象灾害、海洋灾害、地震灾害和突发烈性传染病等，其中气象灾害包括台风、暴雨、夏季高温、干旱、霜冻、强对流和大风，海洋灾害包括风暴潮、赤潮、海浪和海水入侵等。

针对健康韧性城市建设的核心内容，我们进一步对内涝灾害、风暴潮灾害和突发烈性传染病灾害进行了定量情景分析，以增加规划方案的科学性和针对性。

风暴潮灾害对滨海新城的影响主要体现在由区域台风引起的风暴潮对海堤造成不同程度的损坏，在这种情境下地势较低的区域的风险相应增高。因此，在项目前期，针对区域遭遇100年一遇风暴潮灾害，分析了滨海新城核心区的风险情况。根据分析，高风险区位于三营澳附近，中风险区位于核心区北部地势较低的部分区域，面积约为59平方公里，其他区域为低风险。

内涝灾害在区域范围内受灾的频率较高，主要原因是区域暴雨或台风导致涝水难排，加之潮水顶托，会进一步加大内涝灾害的影响。项目选用了"郑州7·20暴雨"的雨型模型作为定量分析的情境，并同时考虑潮水顶托的情况。根据分析，内涝积水区域约为22平方公里，主要集中在核心区北部区域，最大淹没深度约为0.8米。

突发烈性传染病的情景模拟分析主要引用了新冠疫情的模型，假设极端情况在滨海新城首先发生突发烈性传染病，根据传染模型，在假设医疗系统不崩溃的前提下，预测滨海新城应对突发烈性传染病所需要的床位数约为1000床，其中重症病例需要的床位数约为120床。

第三节　打造冗余稳健城市空间的自适应城市

一、强化防灾组团建设，严格管控安全廊道

防灾组团的合理规模建设，是韧性城市建设的重要前提，是有效控制区域型灾害影响，提高救援效率的基本保障。规划将滨海新城划分为3个防灾组团，分别为空港防灾组团、核心防灾组团和松下防灾组团。在滨海新城建立总体防御体系的基础上，三个组团应建立相对独立的防灾减灾体系，支撑各组团快速组织救援。

机场高速及两侧防护绿地、垄北路及两侧防护绿地将建设成为安全隔离廊道，主要功能为阻隔区域型灾害蔓延。安全廊道的宽度不应低于100米，树（草）种类应选择含水量大、枝叶茂盛、抗燃防火的类型，强化其阻隔灾害、延缓灾害蔓延的作用。

二、建设健康韧性中心，保障关键防灾设施发挥作用

在滨海新城首次提出建设健康韧性中心的概念，主要为了集成救助、避难、物资储备

等灾后救援功能，提高其建设的设防标准，使其在面临超标准灾害时仍能维持基本的救援功能，保障城市的基本灾害恢复能力。在滨海新城规划建设了"1+3"两级健康韧性中心体系，其中规划市级健康中心1处，各防灾组团各规划1处。

市级健康韧性中心位于道庆路，集成了消防指挥中心、定点医院、应急避难场所、应急隔离场所和应急储备场所5种功能。核心组团健康韧性中心、临空健康韧性中心和松下健康韧性中心至少集成了消防救援、应急避难、应急医疗和物资储备的功能。健康韧性中心涉及的建筑抗震设防不应低于乙类建筑标准，防潮按照不应低于100年一遇防潮标准。

三、建设高抗灾能力交通骨架，提高重要交通网络的可靠性

依托高速公路和快速路建设救援主通道，保证滨海新城与外部救援通道的可靠性，规划选择了7条道路。依托结构性主干道建设救援次通道，原则上与救援主通道构成救援网络，同时保障每个健康韧性中心应有不少于两个方向的救援次通道，规划选择了15条道路。救援通道竖向标高不应低于100年一遇风暴潮对应的潮位。

四、划定留白空间，为应对重大城市安全问题做好战略留白

主要考虑两方面，一方面是将安全性较高的部分用地进行保留，为重大项目预留用地，另一方面是灾后建设临时的救援设施。规划近期不应启用战略留白用地，远期若涉及国家、区域级安全类项目或福州市、福州新区应对重大城市安全问题的建设项目，在专家论证的基础上可以启用。规划选择了3处安全留白用地，规模约为49公顷。

第四节　打造多元稳健的主动防御型安全城市

一、合理利用场地自然高程，构建本质型安全的韧性防潮体系

在规划建设标准化海堤的基础上，采用综合防御的手段形成四道韧性防潮体系。充分利用部分沿海地区的自然高地，适度提高部分道路的路面标高，形成封闭高程体系，构建第二道防潮防线，尽量降低高中风险区的受灾情况；将救灾指挥中心、消防救援中心等重要救灾设施用地布局在自然高程相对较高区域，保证在溃堤时启动区救灾指挥功能基本正常，构建第三道防潮防线；加强对重要地段和重要设施的防潮安全管理，构建第四道防潮防线。

二、利用微改造，构建"水进人退"的防涝空间格局

通过实现适度、临时性、有目的性的"水进人退"，提升城市防涝水平。对启动区内没有承担救灾避难等对场地地面高程有特殊要求的功能绿地、广场等开敞空间，降低地面标高，扩大城市总体蓄洪空间；降低滨海新城部分城市道路路面标高，规划滞洪通道，引导周边雨水向这部分道路汇聚，降低超标准雨量无序流动风险；抬高局部道路路面标高不低于50年内涝防治标准，规划生命线通道，保证在超标准降雨情况下道路依然能通行，保障救灾疏散顺利进行；科学布局高层建筑，规划应急避难场所，保证民众在500米范围能找到应急避难场所。

三、综合考虑近、远震影响，全面提高建筑抗震能力

建筑破坏倒塌是地震中造成人员伤亡和经济损失的主要原因。根据滨海新城周边断裂带的分布情况，滨海断裂带对城市建设的影响较大，造成的远震强震是需要重点考虑的，加之滨海新城大部分区域分布广泛的软土场地情况，远震—软土引起建筑结构共振，会对结构造成破坏性影响。据此，针对滨海新的新建建筑，在进行国家标准抗震设防管理的基础上，根据场地和建筑结构共振的原理，对软土区域不同结构类型的建筑进行高度管控，全面加强建筑的抗震抗灾能力。

四、制定基本风压，提出新城建（构）筑物防台风措施

收集长乐区20多个气象站的风速资料，分析十年一遇、五十年一遇、百年一遇的风压数据，研究地理位置与风速场空间关联性，综合确定各地风压值，划分新城的地面粗糙度分区，确定易受台风影响的建（构）筑物类型，提出建（构）筑物具体的防台风技术措施，包括：围护结构（幕墙、外门窗、金属屋盖、装配式建筑围护）局部风压计算方法、金属屋面结构抗风揭措施、装配式建筑外围护防水措施等；附属设施外遮阳防风技术措施、空调室外机位设置及支承结构设计要求、机位与主体结构连接要求等；临时建构筑物抗风加强型活动板房要求、活动板房与地面的连接要求、围挡防风设计要求等；市政杆件设施和大型户外广告设施抗风扭转验算、声屏障面板、窗框、窗扇等选用要求等；既有建构筑物抗风加固，抗风加固设计流程。

第五节　打造高标准的设施共享的强恢复力城市

一、整合资源建立救灾指挥系统，提高指挥系统可靠性

应急指挥系统由福州新区指挥中心、备用指挥中心、消防救援指挥中心和数据保障中心建立，街道级应急指挥中心依托街道管理机构（乡镇政府）建设。从选址安全和自身高设防两方面提高救灾指挥系统的安全性。

福州新区应急指挥中心依托长乐区行政中心进行建设，职能为统筹指导、靠前指挥，协调调度资源等；备用应急指挥中心依托规划的人防基本指挥所建设，在应急指挥中心无法正常发挥作用时，承担福州新区应急指挥中心的各项职能；消防救援应急指挥中心依托规划特勤消防站建设，根据市级应急指挥中心安排，负责指挥调度全区消防队伍，安排相关灾害事故救援活动；应急指挥平台数据保障中心依托已建城市运营管理中心建设，是应急指挥平台的数据库支撑系统。

二、精细化配置突发疫情救治系统，探索平灾/疫共享设施模式

按照多种途径扩大医疗资源储备，做到"宁可备而不用，不可用而不备"，以"平疫结合、分层分类、高效协作"为原则，构建滨海新城分层分流的城市传染病救治网络。

为实现对新发烈性传染病的"早发现、早报告、早隔离、早治疗"，在新区构建强大的"检测、治疗、隔离"的重大疫情防控体系。规划27家发热诊室，3家P3实验室，4家P2实验室，打造强大的传染病监测预警能力；规划1家传染病专科医院，2所市级定点医院，3所组团级定点医院，1处方舱医院，建立精准处置的突发疫情救治系统；依托公服设施规划1处市级集中隔离设施，4处组团级集中隔离设施，并在每个街道设置至少1处集中隔离观察点，建设强大隔离能力。

三、结合各类公共体育设施增加体育锻炼场地，为健康行为提供充足优质空间

将各类公共体育设施、高校内部的体育设施采用免费或低收费策略向公众开放，增加民众体育锻炼空间。政府建设的各级体育场馆宜采用室外免费、室内低收费的方式常态化向民众开放。中小学体育设施在规划中应将体育设施用地融入15分钟生活圈，不宜收费。企事业单位体育设施不定期面向团体开放，以低收费为原则。高等院校的体育设施宜采取室外免费、室内低收费的策略。

第十章

精细管控，数智之城

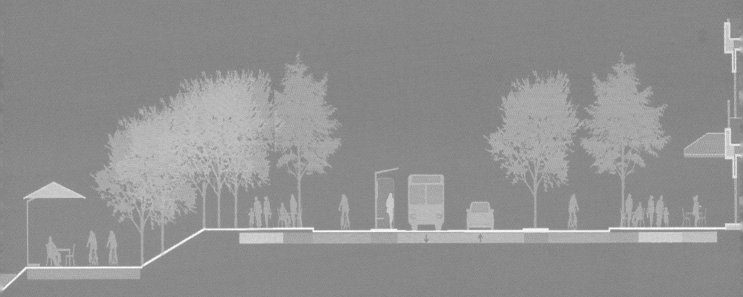

　　福州滨海新城规划建设承担着探索、引领、示范的重要作用，规划编制始终坚持多规融合，在规划编制初期即充分地对接了发改、林业、海渔、环保等部门，按照"总规定框架，城市设计定格局，专项规划定布局，控规统一集成"的思路，形成了"1+N+1"的规划体系。"1"是《福州市空间发展战略规划》，统领滨海新城各项建设，通过分区规划进行深化衔接；"N"是指"N"个专项规划研究，包括专项规划、城市设计和专题研究，涉及各类细致的城市建设管控要求；最后面的"1"是形成控规一张图，综合各专项规划研究的重点要求，集成规划管控一张蓝图，作为新城的规划、建设、管理的审批依据，确保"一张蓝图绘到底"（图10-0-1）。

　　为让专项规划和城市设计的成果能够正确指导后续的规划建设，在编制滨海新城规划

图10-0-1　滨海新城规划体系
（来源：作者自绘）

时，注重把专项规划、城市设计、控制性详细规划同步进行编制，并通过控制性详细规划编制相应的规划图则，将专项规划和城市设计的要求进行落实，并作为今后出具规划设计条件的重要依据。

第一节　先进方式借鉴

一、深圳：以立法方式确立城市设计的法律地位

1998年深圳以经济特区特别立法权通过了《深圳市城市规划条例》，从地方法律上建立了完整的城市设计体系，将控规与城市设计全方位融合。在法定图则上对重点地区明确了公共空间、慢行系统、建筑控制、景观构成等内容，强制性内容则在控制指标中表述。为控规层面的城市设计建立整体空间框架，在控规的成果中纳入城市设计的通则管控要求。

二、上海：将重点地区城市设计控制要素法定化

2011年6月颁布《上海市控制性详细规划技术准则》，在普适图则的基础上，对重点地区和特定区域补充了附加图则。普适图则确定了用地界线、用地规模、用地性质、容积率、混合用地建筑量比例、建筑高度、配套设施和各类控制线等内容，附加图则将重点地区的城市设计控制要素法定化。为了保障城市的整体空间形象和公共利益的基础，上海附加图则的控制要求全部为强制性内容，没有引导性内容；同时，为了最大限度适应市场需求，附加图则通过弹性的控制要求统一强制性与可操作性，如公共空间中的公共通道、内部广场、绿化等范围，来体现管控的灵活性（表10-1-1）。

上海城市设计附加图则管控要素　　　　　　　　　　　　表10-1-1

建筑形态	建筑高度、屋顶形式、建筑材质、建筑控制性、贴线率、建筑塔楼控制范围、标志性建筑位置、骑楼、建筑重点处理位置、历史建筑保护范围等
公共空间	公共通道、连通道、开放空间面积等
道路交通	禁止开口路段、轨道交通站点出入口、公共交通、机动车出入口、非机动车停车场、自行车租赁点等
地下空间	地下空间建设范围、开发深度与分层、地上地下功能业态及其他特殊控制要求等
生态环境	绿地率、地块内部绿化范围、生态廊道等

三、北京：将城市设计作为控规的补充完善

《北京城乡规划条例》明确可依据控制性详细规划编制城市设计，将城市设计作为控规的补充和完善。控规编制分为街区层面和地块层面两个层次，街区层面以总量控制为主，地块层面在满足总量控制的要求上，结合实际开发建设情况确定七大控制指标。地块控规以确定建设指标和落实各类设施为主，城市设计侧重于公共空间。城市设计若对控规有调整优化，则启动控规动态维护。《关于编制北京市城市设计导则的指导意见》明确了城市设计的管控要素，重点控制控规与建设工程设计方案之间涉及公共空间系统性、建筑界面的整体性与协调性及重要公共空间的人性化设计等内容（表10-1-2）。

北京城市设计导则管控要素集表　　　　　　　　　　表10-1-2

公共空间	公共空间属性、道路类型、道路交通组织、人行及过街通、道路交叉口形式、道路隔离带设置、机动车禁止开口路段、地块出入口、停车设置、植物配置、岸线类型、水体要求、水域相关构筑物、地面铺装、夜景照明、公共艺术、生态可持续策略、广告标牌、导向标识、公共服务设施、交通设施、市政设施、安全设施、无障碍设施
建筑设计	地块细分、建筑退线与建筑贴线、建筑功能细化、高点建筑布局、沿街建筑底层、地下空间、建筑出入口、建筑衔接、建筑体量、建筑立面、建筑色彩、建筑材质、建筑屋顶形式、建筑附属物

四、天津：采取"一控规两导则"的管控方式

天津在控规层面采取"一控规两导则"的管控方式，以控规作为综合控制的作用，以土地细分导则作为开发强度控制，以城市设计导则作为空间形态引导。

控规以"单元"为单位，以"街坊"为核心，控制指标主要包含用地主导性质、平均容积率、平均建筑密度、平均绿地率和平均建筑高度等用地控制指标，以及公共服务设施、公共安全设施的用地规模、范围及控制要求等，强调土地的兼容性。土地细分导则以"地块"为单位，包含对土地开发控制细化的用地功能、用地指标、三大设施和六线控制。城市设计导则以"单元"和"地块"为单位，对空间形态进行细化控制，对街道、开放空间、建筑等提出控制与引导要求，提高城市空间环境品质。土地细分导则与城市设计导则同时编制，与控制性详细规划相互印证与融合（表10-1-3）。

天津市两导则管控内容（作者整理）   表10-1-3

土地细分导则	用地性质、用地面积、容积率、建筑密度、建筑高度、绿地率、配套设施、建议机动车出入口、建筑退线等	
城市设计导则（单元层面）	整体风格、空间意向、街道类型、开放空间、建筑、历史文化保护、商业街区特色控制要素等	
城市设计导则（地块层面）	街道	建筑退线、建筑贴线率、建筑主立面及入口门厅位置、机动车出入口位置等
	开放空间	公共绿地控制要求、生产防护绿地控制要求、广场控制要求
	建筑	建筑体量、建筑限高、建筑风格、建筑外墙材料、建筑色彩
	其他	建筑首层通透率、建筑墙体广告、建筑裙房、建筑骑楼、围墙等

五、福建省控规与城市设计管控方式

2012年9月颁布施行《福建省城市控制性详细规划编制导则（试行）》，2013年3月颁布《福建省城市控制性详细规划管理暂行办法》和《福建省城市设计导则（试行）》。控规编制明确分为单元控规和地块控规两类，单元又划为分区单元和基本单元两类，分别对应不同的人口规模。

单元控规对控制单元的主导用地属性、整体控制指标、"五线""三大设施"及社区服务设施提出规划控制要求，并指导地块控规的编制。地块控规深化单元控规中的各类用地和设施的定性、定量和定位控制内容。明确重点地段包括历史文化街区、风貌保护区，城市中心区、主干道、城市主要出入口和交叉口，城市公园、内河、广场等开敞空间，城市重要公共服务设施周边等，可通过编制城市设计或修建性详细规划方案，将城市设计、修建性详细规划成果转化为特色控制要素，包括风貌、建筑风格、体量、体型、色彩、高度等，作为控规的补充（表10-1-4）。

福建省控规管控要素内容（作者整理）   表10-1-4

分区单元	"五线"及"三大设施"用地、使用功能、容量和开发强度控制。 特征要素：建筑物、街巷格局、整体风貌、历史文化要素、自然风景要素，对特定意图区提出控制要求
基本单元	"五线""三大设施"以及社区服务设施的用地、使用功能、开发强度、指标控制要求。 特征要素：景观风貌控制、建筑控制与引导、交通引导与调控、地下空间开发与利用等
地块	地块编号、用地面积、用地性质、容积率、建筑密度、建筑高度、绿地率、配套设施项目、建筑退界、停车泊位、出入口方位、用地兼容性、地下空间开发利用引导等，并对各地块的建筑体量、体型、色彩等城市设计提出指导原则等

目前，国内的控规与城市设计的共同管控，是以土地出让规划条件的设置为主，注重法定的控规与城市空间形态的管控相融合，为城市规划管理提供依据。

第二节　总体集成分析

滨海新城是福州城市副中心，承担中心城区功能和人口疏解与承接的重要任务。综合国内先进城市控制性详细规划编制的优势，结合滨海新城多专项规划同时编制、多设计团队协同编制，面向实际管理建设应用的情况，滨海新城的控规编制提出总体把控——专项规划梳理——公共配套体系研究——地块管控指标研究——分类图则管控细化方式。

一、总体定位与空间结构

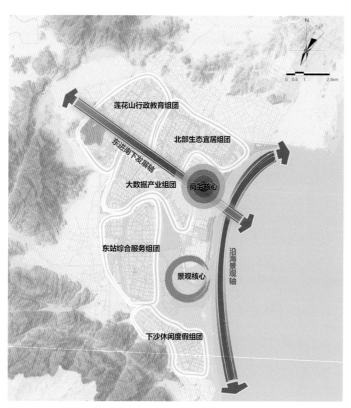

规划定位是福州中心城区的副中心，福州新区核心区的重要组成部分，目标是发展为国际化新城、居住及产业新城，成为区域的科研中心、金融中心、交通枢纽。规划形成三大片：北有临空片，即空港城；南有松下片，即海港城；中部为核心区。

二、核心区定位与空间结构

滨海新城核心区是新时代宜居示范区、新型城镇化示范区、闽东北协同发展示范区。空间布局形成"两核两轴多组团"的结构，"两核"指按照城市副中心标准打造的滨海新城商务核心、"新城之肾"东湖湿地生态景观核心；"两轴"指福州城市东进南下发展轴、滨海新城沿海景观轴；"多组团"指北部生态宜居组团、莲花山行政教育组团、大数据产业组团、东站综合服务组团、下沙休闲度假组团（图10-2-1）。

图10-2-1　核心区空间结构
（来源：作者自绘）

三、临空片定位与空间结构

　　临空片依托福州国际机场核心，建设国际航空产业板块，重点发展航空制造、航空物流与航空服务业。航空港区重点布局发展航空运输、航空货运、保税物流以及机场发展所需的配套服务功能。临空产业集聚区发展形成航空维修制造、航空物流、高端制造等临空指向性较强产业为主导的片区。综合服务区提供居住、商业等综合配套服务。生态功能区保持自然山水形态格局，建设绿色生态屏障，积极发展生态旅游与临空农业（图10-2-2）。

四、松下片定位与空间结构

　　松下片规划定位为依托松下港和国际邮轮港的海港城，发展粮食等清洁型生产和生活性港口，重点发展临港物流、临港加工、邮轮旅游与港航服务产业。规划形成"两轴三区"空间结构："两轴"为福平城镇发展轴和滨海特色产业发展轴；"三区"为邮轮旅游综合发展区、粮食产业融合发展区、临港工业物流发展区（图10-2-3）。

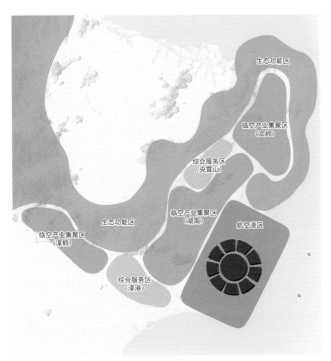

图10-2-2　临空片空间结构
（来源：《福州滨海新城临空经济区分区规划》）

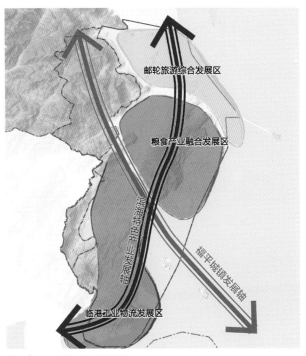

图10-2-3　松下片空间结构
（来源：《福州市长乐松下片区分区规划》）

第三节　专项规划衔接

在控规编制过程中，与各专项规划设计团队全过程沟通，与交通类、安全类、市政类、公共服务类、风貌类等各类多专项对接磨合，协调各专项规划形成"一图一表"的核心管控内容，在控规项目成果中综合集成了各个专项的管控内容和成果（图10-3-1、图10-3-2）。

控制性详细规划在编制过程进行全专项整合，通过用地控制、点位控制、条文说明等形式提取各专项规划的控制要求及指标，力求协调地上与地下、线型控制、点位控制与用地控制等内容的专业协调。同时，针对实施过程中的问题进行多专业全过程的配合和统筹协调，保障控规的可实施性（表10-3-1）。

	服务区域	远期服务人口（万人）	转运量需求预测（t/d）	预留转运站面积（m²）	预留进城车辆清洗站（m²）	规划环卫机构用地面积（m²）	规划环卫车辆停车场面积（m²）	控制用地规模（ha）
环卫枢纽站1（规划日转运规模450t）	区1	18	412	6000	1000	5000	18000	3.0
	3550182-26	0.85						
	3550182-28	6.18						
	3550182-30	9						
	3550182-31	5.99						
	3550182-32	0.71						
	3550182-35	3.36						
	总计	44.09						
环卫枢纽站2（规划日转运规模200t）	区2	9	207	4000	2000	4000	10000	2
	3550182-27	5.97						
	3550182-36（西片）	1						
	3550182-29	6.22						
	总计	22.19						
环卫枢纽站3（规划日转运规模200t）	3550182-39	4.86	91	4000	3000	2000	5000	1.4
	3550182-37	1.68						
	3550182-40	0.71						
	区3	2.5						
	总计	9.75						
环卫枢纽站4（规划日转运规模200t）	3550182-33	5.8	156	1500	-	3500	-	0.5
	3550182-34	3.07						
	3550182-36（东片）	0.91						
	3550182-44	1.3						
	3550182-43	0.56						
	3550182-38	5.09						
	总计	16.73						
环卫枢纽站5（规划日转运规模200t）	3550182-42	5.6	175	4000	1000	3200	6000	1.42
	3550182-41	1.68						
	区4	11.5						
	总计	18.78						

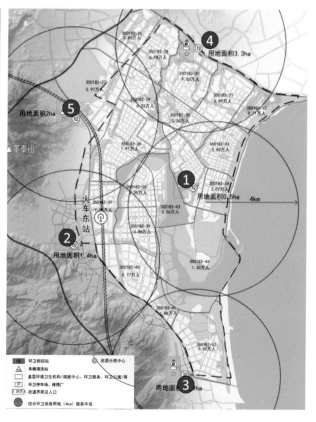

图10-3-1　环卫专项规划"一图一表"（垃圾环卫枢纽站部分）
（来源：《福州滨海新城核心区环境卫生专项规划》）

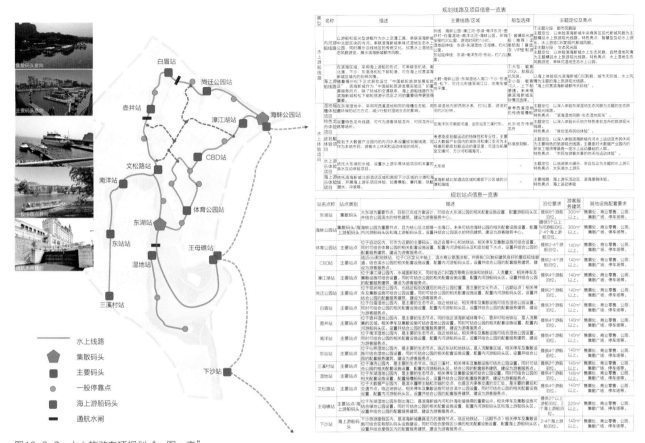

图10-3-2　水上旅游专项规划"一图一表"
（来源：《福州滨海新城水上休闲旅游专项规划》）

福州滨海新城专项规划管控要素梳理　　表10-3-1

分类	专项规划名称	线型 管控要素	用地 管控要素	指标 管控要素	点位 管控要素	条文 管控要素
交通类	福州滨海新城骨架交通研究及启动区总体交通设计	路网等级、道路线型、线位、道路宽度	长途客运站、公交首末站、车辆段、公交停保场、公共停车场等设施	服务半径		
	福州滨海新城慢行系统建设研究	慢行系统线位、线型、宽度要求；线路图、过街桥	慢行系统设施用地位置与面积		驿站图标	
	福州滨海新城水上旅游专项规划		游客码头用地位置与面积		或图标	
	滨海新城邮轮旅游发展实验区专项规划		相关设施用地位置与面积			

续表

分类	专项规划名称	线型管控要素	用地管控要素	指标管控要素	点位管控要素	条文管控要素
风貌类	福州滨海新城森林城市总体建设规划	公园、绿地、防风林、林荫道，绿线线位、绿带宽度	公园绿地			林荫道路的断面要求
	滨海新城风貌控制导则					控高、视线、建筑风格等要求
	滨海新城核心区树种专项规划					条文要求
安全类	福州滨海新城防潮防洪排涝专项规划	河网河道、湿地的界线，河道宽度	各类水利设施用地位置与面积			标准的管控要求
	福州滨海新城海绵城市专项规划					下沉绿地，在图则或文本中明确
	福州滨海新城核心区竖向工程专项规划					条文管控
	福州滨海新城核心区地下空间专项规划	界线确定				条文管控
	福州滨海新城核心区抗震防灾专项规划	疏散通道	避难场所和设施			避难场所面积测算和设施内容的管控要求
	福州滨海新城核心区人防专项规划		人防医院、人防设施		或图标	各类人防设施的管控要求
	福州滨海新城核心区消防专项规划		消防站用地位置与面积			条文管控
	福州滨海新城防台风建设技术导则					条文管控
市政类	福州滨海新城核心区雨水工程专项规划	河道的过桥道路、或大地块的过水通道	泵站位置与面积、闸位置			
	福州滨海新城核心区污水工程专项规划		污水厂和泵站的位置与面积、闸位置		或图标	防护距离要求等管控条文
	福州滨海新城核心区给水工程专项规划	源水管位置与防护宽度	水厂位置与面积			防护要求
	福州滨海新城核心区地下管线及地下管廊综合规划					条文管控
	福州滨海新城核心区燃气工程专项规划	输气管线位置与防护宽度	加气站、加压站、调气站等各类设施位置与面积			条文管控
	福州滨海新城核心区电力工程专项规划	高压走廊位置与防护宽度	变电站、开闭所等电力设施位置与面积			条文管控

续表

分类	专项规划名称	线型管控要素	用地管控要素	指标管控要素	点位管控要素	条文管控要素
市政类	滨海新城核心区充电基础设施专项规划		独立充电桩设施的用地位置与面积		图标控制	条文管控
	福州滨海新城核心区通信基础设施专项规划		邮政局、广电局等设施的用地位置与面积		电信机站图标	条文管控
	福州滨海新城核心区环境卫生专项规划		转运站、公厕、环卫码头、密闭小压站用地位置与面积		垃圾收集点、公厕图标	条文管控
	福州滨海新城核心区智慧城市专项规划					条文管控
公共类	滨海新城启动区住房专项规划					条文管控
	福州长乐历史文化挖掘与传承专项规划		文物点和历史建筑界线明确	服务半径	图标说明	条文管控
	滨海新城核心区体育设施布局专项规划		分级分类设施的用地位置与面积	服务半径	图标说明	条文管控
	滨海新城核心区文化设施布局专项规划		分级分类设施的用地位置与面积	服务半径	图标说明	条文管控
	滨海新城核心区教育设施布局专项规划		分级分类设施的用地位置与面积	服务半径	图标说明	条文管控
	滨海新城核心区医疗卫生设施布局专项规划		分级分类设施的用地位置与面积	服务半径	图标说明	条文管控
	滨海新城核心区养老服务设施布局专项规划		分级分类设施的用地位置与面积	服务半径	图标说明	条文管控

第四节　管控标准制定

一、单元分级集成管控

规划按照"单元—街区—地块"的分级管控层次，在统一的系统管控要求框架下，根据功能和空间布局将核心区划分为CBD组团、大数据产业园组团、北部组团、莲花山组团、东站组团、下沙片区、CBD南岸组团7个编制单元（图10-4-1），临空经济区划分为临空东北、临空中部、临空南部、临空西北4个编制单元。

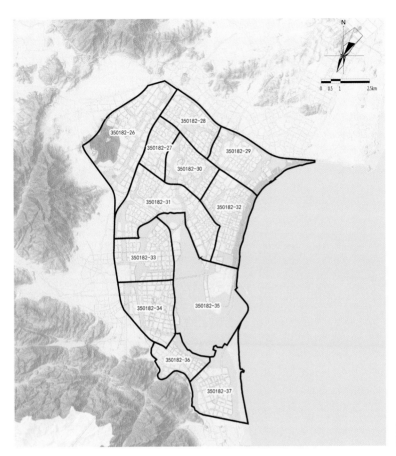

图10-4-1　核心区单元划分图
（来源：作者自绘）

　　制定兼具刚性管控和弹性引导作用的公共设施配套标准、地块容量控制指标、城市设计、景观风貌、工程设计等标准和设计导则，经部门联审和专家论证后，作为设计人员和管理人员开展规划管理、建设工作的规范性文件。在86平方公里的核心区内，划分3~5平方公里的单元，控制单元的性质、强度、混合比例等发展指标。鼓励单元内部通勤平衡化、公共服务便利化，强调功能混合，实现职住平衡——规划形成六类14个功能混合的单元（图10-4-2）。

　　构建满足功能板块差异化发展的弹性单元核心、弹性尺度划分、功能弹性联系等组织模式。功能地块为居住、产业、仓储或文化、教育等主导功能。结合交通干道与节点、综合功能需求，形成的围合式弹性服务核心的发展模式。干道网络之下的弹性支路系统，按现实发展需求对地块进行差异化的尺度分割。组团、核心之间的居住、产业、资源、服务，通过地块功能延伸或廊道形成互补。

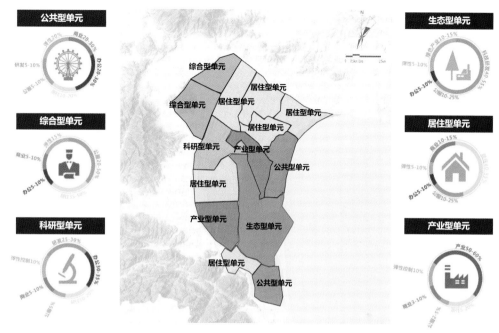

图10-4-2　核心区单元类型
（来源：作者自绘）

　　各分区单元和其中划分的若干基本单元实行总量控制，明确主导功能、总用地面积、建设用地面积、居住用地面积、居住平均容积率、居住建筑总量、总容纳居住人口；商服设施用地面积、商服设施建筑总量、商服设施平均容积率；总绿地面积等指标。为今后涉及实际实施中的动态维护确定主导功能和出让用地的总量控制，激发核心用地价值，平衡城市开发建设风险。单元指标控制如表10-4-1、表10-4-2所示：

××分区单元指标总表　　　　　　　　　　　表10-4-1

主导功能	居住、大学城		总人口（万人）	8.95
总用地面积（公顷）	2148.3	城市建设用地面积（公顷）	971.45	总绿地面积	236.68
居住用地面积（公顷）	232.97	居住建筑总量（公顷）	357.25	居住平均容积率	1.53
商服设施用地面积（公顷）	16.14	商服设施建筑总量（公顷）	33.55	商服设施平均容积率	2.08
工业仓储用地面积（公顷）	4.09	工业仓储建筑总量（公顷）	7.36	工业仓储平均容积率	1.80

×× 基本单元指标总表　　　　　　　　　　　　表10-4-2

主导功能		商住商务、行政办公		总人口（万人）	1.31
总用地面积 （公顷）	116.11	城市建设用地面积 （公顷）	106.32	总绿地面积	17.21
居住用地面积 （公顷）	23.13	居住建筑总量 （公顷）	50.81	居住平均容积率	2.20
商服设施用地面积 （公顷）	21.59	商服设施建筑总量 （公顷）	90.22	商服设施平均容积率	4.18
工业仓储用地面积 （公顷）	0.00	工业仓储建筑总量 （公顷）	0.00	工业仓储平均容积率	—

二、各类设施层级配套

作为福州中心城市的副中心，滨海构建"城市—地区—街道—社区"四级配套体系。街道级与社区级的公共服务设施、商业服务业设施、市政公用设施、交通设施均明确配置数量、用地规模和建筑规模建议，同时明确相关的配置要求。在先进城市的借鉴学习和福建省公共配套设置的基础上，增加了社区学校、少儿成长服务站或四点钟学校、老年日间照料中心的设置，电动车充电设施的配置，健身房等设施的配置。在《福州规划管理技术规定》的基础上，针对新城的发展要求，调高了学校、医疗卫生设施的规模指标。同时，根据各行各业的最新标准，调整了相关派出所、消防站等配置指标。

街道级的公共服务设施包括有医疗卫生设施（社区卫生服务中心）、文化娱乐设施（综合文化活动中心和文化广场）、体育设施（社区居民健身活动中心和运动场）、教育设施（小学、初中、高中）、社会福利与保障设施（居家养老服务中心、老年养护院、养老院）、行政管理与社区服务（街道办事处、街道综合服务中心、派出所、市场、工商管理所、税务所等）；市政公用设施包括有开闭所、燃气调压站、垃圾收集站、避灾点；商业服务业设施包括有社区商业中心、商场、菜市场或生鲜超市、健身房、银行营业网点、电信营业场所、邮政营业场所；交通设施有公交车站、非机场车停车场（库）等内容。示例如表10-4-3~表10-4-5所示：

街道以上级公共管理与公共服务设施一览表   表10-4-3

×× 分区单元街道以上级公共管理与公共服务设施一览表							
设施类别	数量（个）	名称	用地代码	用地面积（ha）	所属地块	控制方式	备注
行政管理与社区管理服务	1	滨海新城市民服务中心	A1	1.97	32-D-20	实位控制	与CBD（东）街道办事处合设
文化体育	1	工人文化宫	A2	2.69	32-C-27	实位控制	
	1	滨海美术馆	A2	2.08	32-D-23	实位控制	与CBD（东）综合文化活动中心合设
医疗卫生	1	综合医院	A5	15.37	32-C-17	实位控制	1500床
	1	急救中心					
	1	专科医院-02	A5	1.05	32-H-13	实位控制	300床

规划道路与交通设施一览表   表10-4-4

×× 分区单元道路及交通设施一览表						
数量	名称	用地代号	用地面积（公顷）	所属地块	控制方式	备注
1	公交枢纽站	S3	1.07	30	实位控制	新建
1	横港车辆段	S41	27.76	06	实位控制	新建
		S41	8.34	15		
1	公交停保场	S41	3.28	02	实位控制	新建
		S41	3.04	04		
2	公交首末站	S41	0.36	10	实位控制	新建
		S41	0.45	06	实位控制	新建
2	社会停车场	S42	0.60	10	实位控制	100个泊位
		S42	0.66	08	实位控制	180个泊位
2	社会停车场（配建）	—	—	14	图标控制	30个泊位
				18		80个泊位

公用设施一览表 表10-4-5

数量	名称	用地代号	用地面积（公顷）	所属地块	控制方式	备注
××分区单元公用设施一览表						
1	110kV屿北变	U12	0.51	21	实位控制	新建
1	密闭式垃圾分类压缩点1	U22	0.16	40	实位控制	新建
1	110kV壶井变	U12	0.63	24	实位控制	新建
1	广电总前端	U15	0.58	06	实位控制	新建
1	环卫码头1	U22	0.31	12	实位控制	新建
1	中心区消防站	U31	0.56	17	实位控制	新建
1	环卫码头4	U22	0.19	13	实位控制	新建
1	环卫枢纽站2	U22	0.1428	15	实位控制	新建
1	智慧型综合管养基地	U22	0.4725	16	实位控制	新建

设施类别	数量	名称	用地代码	用地面积（公顷）	所属地块	控制方式	规模	备注
××分区单元街道级公共管理与公共服务设施一览表								
行政管理与社区管理服务	1	街道办事处	—	—	D-20	点位控制	建筑面积≥3000m²	与市民服务中心合设
		街道综合服务中心						
		工商管理所、税务所等					建筑面积≥300m²	
	1	派出所	A1	0.61	H-09	实位控制		
文化体育	1	综合文化活动中心	A2	—	D-20	实位控制		与美术合设
	1	全民健身活动中心	A42	0.80	H-16	实位控制		合设
		多功能活动场地						
		健身步道						
		健身路径						
教育	7	福海小学	A33	2.60	C-34	实位控制	36班	
		沙尾小学		3.59	D-05	实位控制	48班	
		新村小学		3.55	H-12	实位控制	48班	
		万沙中学		4.26	C-15	实位控制	36班	
		沙尾中学		3.74	D-11	实位控制	36班	
		东湖中学		4.35	I-02	实位控制	48班	
		国际双语学校		16.10	J-02	实位控制	24班小学、72班中学	
医疗卫生	1	新村社区卫生服务中心	A5	0.49	H-11	实位控制	建筑面积3000~4000m²	
社会福利与保障	1	新村养老院	A6	1.03	H-10	实位控制	每处150床，床均建筑面积≥30m²	

社区级服务基础设施包含有社区服务站、居民活动用房、社区室外活动场地、居家养老服务站、老年人日间照料中心（托老所）、社区卫生服务站、24小时自助图书馆、社区学校、少儿成长服务站或四点钟学校、幼儿园等；公用设施包含有公共厕所、环卫工人作息站（道班房）、再生资源回收站、垃圾转运站、生活垃圾收集点、开装闭所、变电室、路灯配电室、非机动车停车场（库）、居民存车处、电动车充电设施、避灾点等；商业设施主要包含有邻里商业、生鲜超市、便利店、社区终端共同配送站等；社区公共空间主要为绿地。示例如表10-4-6所示：

社区级基础设施一览表　　　　　表10-4-6

设施类别	名称	用地面积（m²）	建筑面积（m²）	数量（个）	所属地块	控制方式	备注
×× 基本单元							
社区管理与服务	社区综合服务设施（含社区服务站、居家养老服务站、健身活动室）	—	600～1300	1	27	图标控制	
医疗卫生	社区卫生服务站	—	150～220	1		图标控制	
商业设施	邻里商业	—	—	1		图标控制	
	社区终端共同配送站						
体育	多功能广场（健身广场）	≥400	—	1	25	图标控制	结合绿地布置
	健身路径	—	—				
教育	幼儿园	5263	—	1	26	实位控制	12班
公用设施	公共厕所	—	30～60	2	02、25	图标控制	
	环卫工人休息站（道班房）	7～20	7～20	1	25	图标控制	合设
	再生资源回收点	—	≥10				
	避灾点	200	—	1	25	图标控制	结合绿地布置
	通信机房	—	60	3	06、18、27	图标控制	
	广电机房	—	60				
	电力环网	—	20	6	06、09、18、23、27、32	图标控制	

三、地块容量控制指标

核心区是"窄路密网"的用地布局方式，针对各功能不同的单元，结合福建省和福州市的规划管理技术规定，制定适合滨海用地规模的建筑容量控制指标。将地块的规模划分为2公顷以下、2～5公顷、5公顷以上三类的居住、商住、商业、商务办公等建筑的容量控制指导指标，深入研究核心区的用地综合性，增加了居住商业混合建筑、商业商务混合建筑的建筑类别。涵盖有城市设计的区域，以城市设计为主，方案模拟为辅，核定地块容量控制指标。

　　借鉴先进城市的容量指标设置，结合现有各类市政设施、交通设施、安全设施等实施情况，补充设置公共服务类用地的容量控制指标，如：行政办公类、各类文化设施、中高等院校、各类体育设施、各类医疗设施、各类社会福利设施；补充设置商业服务类用地的容量控制指标，如加油站、加油加气站；补充设置工业仓储类用地的容量控制指标，如一类工业、二类工业、创新性工业、一类仓储；补充设置交通设施用地的容量控制指标，如长途客运站、公交首末站、车辆段、公交停保场、停车场；补充设置市政设施用地的容量控制指标，如变电站、燃气门站、邮政局、污水处理厂、污水泵站、垃圾转运站、密闭式压缩点、环卫码头；补充设置安全类用地的容量控制指标，如消防站、消防指挥中心、消防教育基地等。全面完善了滨海规划建设管控的各用地类型的容量控制要求。

第五节　分类图则管控

　　控制性详细规划单元图则分为分区单元和基本单元两类。分区单元图则中以图示方式表明各类用地、设施的用地布局，交通组织；以数据表格方式明确指标控制要求和设施规模要求、控制方式等；以通则条文方式明确控制的说明。基本单元以各类分图表达地上用地管控要求、各类设施管控要求、交通组织管控要求、建筑退线管控要求、城市设计管控要求、地下管控要求等（图10-5-1）。

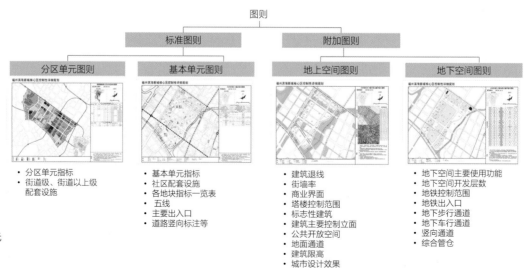

图10-5-1　控规单元
图则体系
（来源：作者自绘）

　　用地管控图则。以图示方式表明各类用地布局、交通组织；以数据表格方式明确各类用地容量指标控制等；以通则条文方式明确控制的说明（图10-5-2）。

　　设施管控图则。以图示方式明确三大设施布局方式，明确各类控制线的线型线位控制；以数据表格方式明确各类设施的容量控制指标；以通则条文方式明确控制的说明。

　　交通组织图则。以图示方式明确各地块的开口方向、竖向标高，交通交叉口坐标等；以数据表格方式明确停车设施的容量控制指标；以通则条文方式明确控制的说明。

　　建筑退线图则。以图示方式明确各地块建筑退线要求，点状建筑或标志建筑的位置、贴线率等；以通则条文方式明确控制的说明。

　　城市设计图则。以图示方式明确各地块建筑退线要求，点状建筑或标志建筑的位置、贴线率、建筑高度等；以通则条文方式明确景观风貌控制的说明。

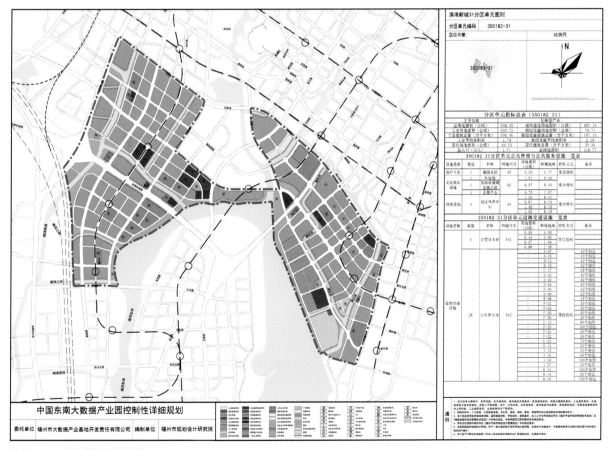

图10-5-2　用地管控图则示例
（来源：《中国东南大数据产业园控制性详细规划》）

地下空间管控图则。以图示方式明确地下空间边界范围、地下各层使用要求，地下各层交通组织等；以通则条文方式明确地下空间功能使用要求、地下空间高度控制要求、地下通道控制要求等（图10-5-3）。

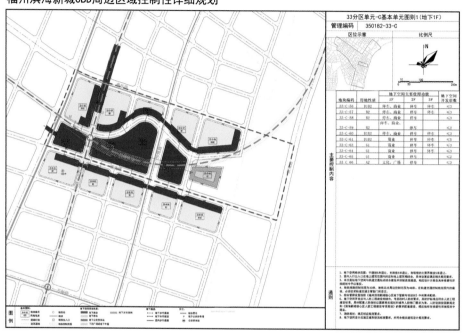

图10-5-3　地下空间管控图则示例
（来源：《福州滨海新城核心区控制性详细规划》）

第六节　精细管控之城——管控导则编制

整体城市管控通过城市风貌、公共空间、商业布局、市政工程设计、防台风建设技术等导则的制定，进行细致化指引，使得滨海的建设在规划的基础上，进一步具有可实施的操作性，做到规划的理念落实到实际的各类用地和建筑。

一、滨海新城风貌控制导则

滨海新城风貌通过空间管控、色彩与材质、建筑风貌和绿色生态的几大方面进行引导。

1. 空间风貌要求

导则通过滨水区和海岸边建筑布局、临山区建筑布局、一般地区建筑布局指引，突出滨海的山水相融特色。

滨水区建筑布局整体以垂直意向为主，建筑布局强调多样性、空间亲水性、绿化渗透性和交通可达性，保持一定的空地率，以保证滨水景观的通视性和层次感。滨水区水体两侧岸线外200～400米为建筑高度控制区，避免纯住宅建筑沿滨水地区连续布局过长，建筑宜采用退台处理，首排建筑宜以低层和多层为主。集中建设高层建筑，并通过超高层建筑群的强化，构成整个城市空间竖向轮廓的高潮，节点位置的建筑高度宜适当变化，在总体上形成"中心高、周边低、阶梯过渡"的建筑高度分布特征。海岸线的设计既要保证安全性，又要确保亲水性，同时应维护滨水区域的生态环境。

临山区建筑布局宜开敞、通透，宜采用低密度建设方式，在一定范围内应提供连续通达的视线通廊，严格避免建造对景观遮挡严重的板式建筑，提高自然景观资源地区的可视性和可达性。临山区建筑高度不应超过山脊高度，宜以低层和多层为主。

一般地区整体以水平意象为主，地块间的视线通廊可结合道路设置，地块内的视线通廊可结合公共通道设置。

2. 色彩与材质

继承和发扬传统建筑中优良的建筑文化，融会贯通到现代城市风貌建设中。导则明确建筑设计体现滨海新城的创新、宜居、活力风貌，色彩形象总体上以清新、明快、和谐、温馨为主。结合长乐传统地域红瓦坡屋顶、红砖墙的建筑色彩，局部采用鲜艳明亮的暖色调，打造一个"红瓦绿树碧海蓝天"的城市名片。

导则明确单栋建筑主色调、辅色调的比例，明确商业办公建筑、居住建筑、科教建筑、工业仓储建筑的主导色彩和搭配色彩，来体现滨海新城商办建筑的活力与开放性格，居住建筑清新舒适宜人的温馨感受，科教建筑的创新、创意理念。通过明确各类建筑和不同高度的建筑材质使用，以适应安全、特色、耐腐蚀的滨海环境。

3. 建筑风貌

导则提取海洋元素，如海浪、风帆、贝壳、珍珠等元素，在滨水建筑的立面上进行抽象表达，与海洋景观形成呼应，突出浪漫的海滨风情。指引一般建筑以外观简洁明快的现代方式，通过对檐口、窗框线条、基座、装饰构件等部位的艺术设计，形成比例和谐、端庄大气的建筑造型。电梯机房、水箱、空调设备等屋顶设备及管线应在建筑整体造型时统一风貌化设计和构架遮蔽或景观化处理方式，塑造建筑第五立面的风貌。

4. 绿色生态

导则强调绿色生态建筑的新能源利用，如建筑立面和顶部设立太阳能板，实现光伏建筑一体化；利用雨水收集系统供应景观用水和生活生产用水。强调在建筑设计中结合屋顶绿化，美化环境，调节气候，提高人们的生活质量和健康水平。多手段实现绿色生态的目标，使资源和能源得到有效利用，保护环境、亲和自然、舒适、健康、安全。

二、街道公共空间管控导则

为增强滨海新城的活力和魅力，丰富城市道路与地块开发间的公共空间，统筹地上地下的各类设施，塑造步行与骑行的绿色通道，串联广场绿地和各社区中心，打造充满温馨生活气息的新城，首创共享空间、人本化共享的街道空间。

共享空间，即城市道路红线两侧，利用建筑退让空间，退让一定距离作为部分公共设施的用地。街道共享空间导则根据不同的功能单元，不同的道路等级、性质和宽度，分析功能分区的居民活动类型和特色，协调各项规划的具体要求，根据共享空间、人行空间、建筑前区和共享车行街道的模式设计要求，提出公共空间中绿化种植、设施布局、地下空间等管控指引，指导街道的建设（图10-6-1）。

商业型共享空间（商业商务区）以硬质铺地为主，保持建筑前区、共享空间和人行道的整体性、通达性。建筑前空间应面向街道开放，鼓励统筹规划建筑前区、共享空间和人行道设置口袋公园、公共广场，塑造活力街区。

生活型共享空间（居住生活区）以给居民提供休闲、交流、活动的场所为主，营造适宜步行与交往的空间。

综合型共享空间（科研文教区、创新产业区）在满足工作、学习要求外，配套一定的日常休闲、生活设施，形成功能复合的创意空间。

工业型共享空间（制造工业区）以种植绿化、改善区域环境为主。

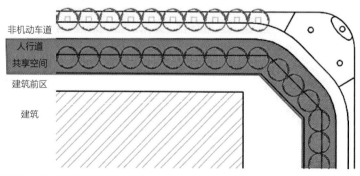

图10-6-1 街道共享空间示意图
（来源：作者自绘）

三、滨海新城商业用地布局与管理导则

在滨海控制性详细规划的基础上，为更清晰地进行商业服务业的布局与管理，综合考虑人口、用地、交通等多方面因素，引导滨海新城形成布局合理、层次分明、保障有力、功能健全的商业服务业设施体系。强化滨海副中心定位，完善生活性服务设施体系，突出地方特色，保障各项目从规划、管理到建设的落实。导则明确了商业的各层级布局要求，明确区域级、街道级、社区级的商业服务中心的业态选择、设置要求、建议规模；明确了不同道路等级、不同道路性质的沿街商业占比建议；明确了核心区中具有文化、旅游等特色的商业街布局；明确了沿街商业店面开间管控建议。

四、福州滨海新城建（构）筑物防台风技术导则

为降低滨海新城沿海台风对建（构）筑物的影响及危害，导则按玻璃幕墙、外门窗、外墙、金属屋盖、装配式建筑围护、建（构）筑物附属设施、施工现场临时建（构）筑物、市政杆件设施等受台风影响较大的各类因素，分别就抗风的注重要求、防渗漏关注要点、技术措施要求、安全使用要求、设计要求、材质选取要求、检验核查要求、工程管理要求进行逐一明确。针对滨海新城建（构）筑物做到安全适用、技术先进、经济合理，确保质量。

五、滨海新城市政工程设计导则

滨海新城在建设初期编制了大量专项规划作为顶层设计。2017年滨海新城开始大规模建设时，滨海新城指挥部深刻意识到，让诸多先进创新的规划理念在项目中落地，是关键的"临门一脚"。同时，建设初期项目上马快、多、急，在此背景下，亟需一本"说明书"来统一思想、统一标准、统一做法，以精准指导"蓝图设计"。

2018年3月，我院完成了《福州滨海新城市政工程设计导则》编制，在经历了两年建设实践后，随着经验的不断总结，要求的不断提升，我院又联合上海市政院对导则进行升级，于2020年3月编制了《福州滨海新城市政道路全要素设计及精细化建设导则》，更广更深地把控设计。导则的编制核心在于力求"一张蓝图绘到底"，将规划的思想深刻地植入工程建设，鼓励创新，推进标准化、模块化、精细化设计，强调规、建、管一体化的建设理念。

如今滨海新城的市政基础设施已渐趋完善，导则累计指导设计了约150公里市政道路，设计理念、建造工艺、工程质量等方面都较以往有了很大的提升，得到了各级领导及业内同行的高度认可。

第十一章

泛在互联，智慧滨海

滨海新城位于福州新区的核心区，是福建省率先引入和全面实施智慧城市理念的新城，以滨海新城核心区86平方公里为规划范围，智慧城市理念从项目顶层设计阶段贯穿到项目落地的各个环节，充分衔接相关规划对滨海新城空间布局、战略定位的"智慧化"要求，全面统筹区域建设、产业发展等领域，促进了各领域信息化的有机融合，提升了滨海新城的智慧化水平，助力滨海新城成为引领福州市、福州新区发展的示范带动区和现代化国际城市的新标志。

第一节　体系建立与服务应用

智慧城市建设的首要问题就是空间问题，尤其是为未来预留发展空间，是智慧城市规划的重要使命。智慧滨海新城在配合城市总体规划、控制性详细规划以及"智慧福州"建设基础上，进一步扩展延伸支撑"泛在互联、精细高效、绿色低碳、贴心便捷、开放活力、创新共享"的智慧滨海新城建设，并从不同空间尺度（功能区单元、街道单元、社区单元）提出智慧城市空间布局指引，建立起全面、共用的智慧城市体系，并对占空间的智慧化场景和服务应用预留了空间。通过全面的共用基础设施建设，明确智慧城市建设的分级分类要求，并同步协调各类专项规划中的信息化需求和建设内容，提出明确建设标准规范、定量化指标及实施建议；通过全面利用智慧福州的各项功能，在城市运营管理中心、智慧规建管、智慧城市治理、智慧交通等领域进行融合应用，促进滨海新城信息资源的开放利用；通过创新应用服务，为日常生活提供智慧化的服务以及丰富多彩的体验形式，建设让人看得到、听得到、摸得到，即让"人"具有获得感、体验感的充满创新活力的智慧开源滨海城市。此外，通过结合智慧福州的网络空间安全体系，确保滨海新城网络空间安全清朗；遵循福州智慧城市机制体制和标准规范，保障滨海新城智慧城市建设项目的实施落地（图11-1-1）。

在"分级布设、融合共享、集约统筹"的空间设计理念基础上，智慧滨海通过明确3类智慧基础设施、9个智慧专项的建设化路径和建设原则、标准规范、定量化指标及实施建议，布局"智慧滨海"运营中心，搭建基于CIM（BIM＋GIS）的规建管一体化平台，实现智慧治理、智慧交通、智慧社区、智慧环保、智慧园区建设，全面支撑城市治理、民生服务、创新经济和低碳绿色等各类智慧应用场景落地与示范，做到每个指标都定量化和精细化，并配合控规确保每个任务的空间落位，突破了信息技术企业智慧城市规划的模式（图11-1-2）。

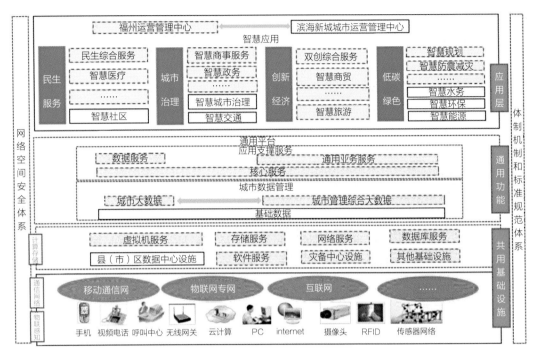

图11-1-1　滨海新城智慧城市总体架构
（来源：作者自绘）

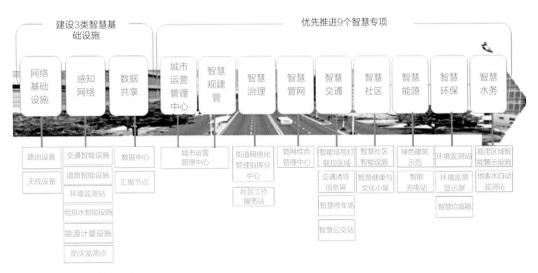

图11-1-2　滨海新城智慧化建设的路径
（来源：作者自绘）

第二节　泛在互联与精细高效

　　智慧滨海通过智慧城市生命网、智慧蓝绿生态网以及惠民体验多节点，构建泛在物联感知体系、互联共享的数据体系，全面清晰地掌握滨海新城的实时状态。以网格为基础，将新城内的人、事、物、组织等全部纳入网格系统；建设城市运营管理中心，对城市体征进行全周期的管理，提高决策的科学性和有效性。同时，在空间上以功能单元、街道单元和社区单元三个分级进行智慧城市的建设指引，有效保障了未来智慧城市建设过程中的空间用地问题（表11-2-1）。

智慧城市分级布设引导　　　　　　　　　　　　　表11-2-1

	功能区单元	街道单元	社区单元
智慧基础设施	智慧城市生命网 智慧蓝绿生态网 惠民体验多节点	网络基础设施，感知网络	
智慧城市治理		街道网络化管理指挥中心	社区工作服务站
智慧社区		智慧社区智能设施	智慧健康与文化小屋
智慧交通		智能信号灯、交通诱导设施	节能出行设施
智慧管网		管网综合管理中心	
智慧能源		绿色建筑试点区域	智能充电站
智慧环保		环境监测站、环境监测显示屏	垃圾回收试点区域、智慧垃圾箱
智慧水务		地表水自动监测站、易涝区域智慧警示设施	

一、智慧城市生命网

　　滨海新城位于福州沿江，其中启动区距离海岸线小于6公里，CBD区域距离海岸线只有百米左右，安全"生命线"对滨海新城尤为重要。智慧滨海依托滨海新城的区域优势，以滨海新城水、陆、轨道交通网为基础，将物联监测感知设施全面覆盖滨海新城的基础设施、建筑、地下管廊、管线等生命线，实现智能监测设施科学合理全覆盖，并多维度考虑交通、海绵、给水、消防、污水等专项规划中对感知设施的需求，综合考虑空间、时间、功能等多维度需求，形成集约共享的感知基础设施规划设计，重点布局智慧城市治理、智慧交通、智慧管网等智慧应用专项，形成全面实时的城市监测感知体系、高效便捷的城市治理和运行体系，有效促进滨海新城对外沟通与联系。

二、智慧蓝绿生态网

智慧滨海以滨海新城滨水绿带、防护绿带、景观绿廊和绿地节点为基底构成的生态网为依托，以高标准流域治理水环境、加强生态空间互联互通为理念，编织覆盖滨海新城核心区86平方公里的智慧蓝绿生态网，并重点开展智慧环保和智慧水务等专项的智慧化建设，搭建新城智慧蓝绿生态网，构建覆盖新城内大气、水资源、绿地系统等生态资源的智能监测和感知网络，构建生态宜居的水乡田园生活，促进人与自然和谐相处，保障滨海新城生态文明格局的构建。

三、惠民体验多节点

智慧滨海在"明确政府主体定位，鼓励企业参与"的指导下，以滨海新城主要社区、三甲医院、中小学校等多元主体为载体，坚持高标准规划，将分布式传感器网络、自动驾驶、新能源利用、微电网、主动式能源需求管理、智能垃圾处理系统、基于人工智能的智能交通信号灯等前沿科学技术及理念融入滨海新城，重点规划和推进集合智慧便民服务、智慧医疗、智慧教育、智慧文化旅游等公众感知度高的民生服务项目，打造多个智慧城市惠及民生的"惠民体验节点"，形成遍布滨海新城的智慧民生服务体系，提升人民日常生活的便捷性、高效性和安全性，助力公共服务模式的创新与和谐社会的构建。

第三节　集约统筹与融合共享

"补短板"是城市发展过程中普遍出现的问题。为解决这一问题需要在规划和建设初期，实现规建管的一体化，建设智能化的城市管理新模型。智慧滨海将智慧规建管引入到滨海新城智慧城市规划建设全过程，从地上、地面、地下三个空间维度进行多专业集约统筹建设，横向扩展到城市交通、公共安全、社会管理、应急响应、基础设施、生态环境、经济等多个社会领域，纵向深入到感知、互联、共享和应用四个层面，实现各个系统间的业务协同和数据共享，实现对滨海新城的全要素监测和实时管控；智能检测设施全面覆盖滨海新城的信息基础设施、地下管廊管线等生命线，全面获取城市的实时数据。通过数据抽取、转换与加载进行数据共享体系的建设，将数据按照业务或规定主题进行分类存储和管理，整理后将数据上传至数据管理中心。配合数据管理中心，为特定区域、地块或系统提供具体应用数据的采集、汇聚和双向传输（图11-3-1、图11-3-2、表11-3-1）。

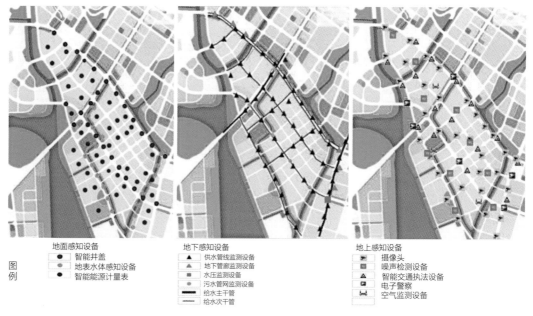

图
例

地面感知设备
- 智能井盖
- 地表水体感知设备
- 智能能源计量表

地下感知设备
- 供水管线监测设备
- 地下管廊监测设备
- 水压监测设备
- 污水管网监测设备
- 给水主干管
- 给水次干管

地上感知设备
- 摄像头
- 噪声检测设备
- 智能交通执法设备
- 电子警察
- 空气监测设备

图11-3-1　感知设施节点示意图
（来源：作者自绘）

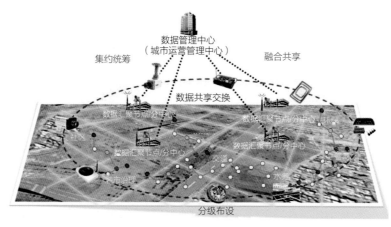

图11-3-2　数据管理中心示意图
（来源：作者自绘）

　　智慧滨海的规划设计和建设基于其需求特点，首次对智慧城市空间理论进行了深度探索及规划实践，配合控规进行智慧城市建设内容的空间落位，推动了智慧城市规划从系统平台功能设计逐步向与人类活动相协调的设计进行转变，填补了我国智慧城市规划在城市

智慧感知设施架构　　　　　　　　　　　　　　　　　　表11-3-1

空间维度	专业维度	智慧基础设施建设内容
地上	监控	卡口、电子警察、摄像头等监控设施
	交通	车流、人流的监控与调控；智能交通设施
	环境	温度、湿度、PM2.5、风、噪声等监测设施
	通信	无线设备、数据网关、智能终端、RFID网络等
地面	管线	路面节点（如井盖）的安全监测设施
	能源	水、气、电等能源的计量仪表、控制装置及设施
	通信	GPS定位、无线路由器、数据网关、NB-IOT设备等
地下	管廊	管廊安全、温湿度监测及通风等设施
	管线	给水、污水、地表水、通信、燃气、电力相应管线监测设施
	通信	无线路由器、数据网关、NB-IOT设备、遥感设备等

实体空间智慧化布局方面的研究空白，在理论研究和建设实践方面都具有非常重要的研究意义。

第四节　打造数字孪生城市

20世纪90年代，习近平同志亲自领导了福州的现代化建设，极具前瞻地提出"东进南下"发展战略构想，明确了福州城市发展的方向。为了贯彻落实这一战略构想，推动福州从滨江城市向面江朝海城市跨越，2017年2月13日，福州市正式拉开了滨海新城建设大幕，全力打造现代化国际滨海新城、福州新区核心区、产城融合发展的宜居宜业智慧城市。

2018年4月22日至24日，首届数字中国建设峰会在福州举行。智慧滨海新城建设以此为契机，抓住信息化发展的历史机遇，按照"数字中国"示范区的既定目标打造智慧新城，推动新一代信息技术与新城融合发展、落地应用，加快实现新城民生、产业、生态等要素数字化、网络化、智能化。

滨海新城作为福州新区核心区，规划定位为区域科研中心、大数据产业基地、创新高地。因此，在滨海新城城市建设中，有必要创新思路，通过统一的大数据平台建设，打通规划、建设、管理的数据壁垒，改变传统模式下规划、建设、城市管理脱节的状况，将规划设计、建设管理、竣工移交、市政管理进行有机融合，使得管理需求在规划、建设阶段就予以落实。因此，迫切需要运用GIS、BIM和传感器网络等现代信息技术，建立起福州滨海新

图11-4-1　规建管一体化业务数据融通及动态循环更新闭环示意图
（来源：作者自绘）

城规建管一体化平台，实现规建管一体化业务数据融通、共享及动态循环更新（图11-4-1），在建设城市过程中同步形成与实体城市"孪生"的数字城市，为精细化城市管理提供技术支撑，积累城市大数据资产，为智慧城市更为广阔的领域应用奠定基础。

一、总体目标

在滨海新城建设过程中，通过探索城市规划建设管理一体化业务，充分利用BIM、3DGIS、云计算、大数据、物联网和智能化等先进信息技术，同步形成与实体城市"孪生"的数字城市（图11-4-2）。通过搭建以3DGIS、BIM等图形引擎为核心的"城市CIM时空信息模型云平台"，基于统一的标准与规范，集成并建立集基础地理数据、各类规划数据、多规融合成果数据、项目建设数据等一体的"城市时空信息模型数据库"，实现滨海新城规划、建设、管理全过程的数字资源集中管理与应用、信息互通与共享，保证一张蓝图的有效性和实时性。

在统一的城市CIM时空信息模型基础上，基于规建管一体化平台，在规划阶段构建城市规划管理子平台，实现城市规划一张图，实现规划业务高效审批，支持规划信息联动与共享、冲突检测与决策支持，让土地资源和空间利用更集约，方案更科学，决策更高效；通过构建城市建设监管子平台，实现城市建设监管一张网，采用物联网及现场智能监测设备等技

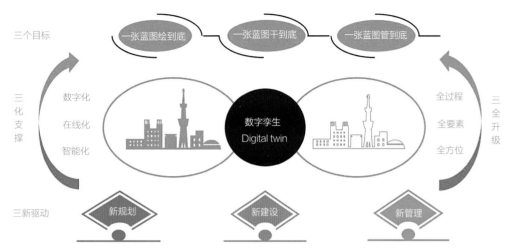

图11-4-2　滨海新城"数字孪生"建设
（来源：作者自绘）

术手段，与工程现场数据实时互联，实现建设工程项目从设计图纸审查、建造过程监督到竣工交付的全生命周期智慧监管，全面提升工程项目监管效能；通过构建城市运营管理子平台，实现城市治理一盘棋。实时监测城市运行状态，敏捷掌控城市安全、应急、生态环境突发事件，事前控制，多级协同。

二、建设内容

1. 城市时空信息模型数据库（CIM）

平台建立城市时空信息模型数据库，将城市空间涉及的静态信息、动态信息和集成共享信息等信息数据进行集中管理，根据数据类型与各自更新频率，结合数据特性建立数据的更新机制，保证数据时效性。时空信息内容包括空间规划数据、建筑及基础设施数据、智能感知数据等，这些数据的主要表现形式为矢量数据、影像数据、高程模型、地理实体、地名地址、三维模型、新型测绘产品和流式数据等。立足规建管一体化要求，平台建立健全时空信息模型数据体系，实现城市时空信息数据的充分共享与适度开放，为规建管一体化大数据的创新应用提供数据基础（图11-4-3）。

2. 城市规划管理子平台

子平台建设包含一张蓝图信息系统、规划业务管理系统和地上地下规划辅助审查系统。通过汇聚多部门规划，建立"一张蓝图"，解决空间规划矛盾，提升规划科学性。通过各类规划合规性检测，保障项目精准、快速落地的同时引导城市向绿色、生态发展。利用地上城

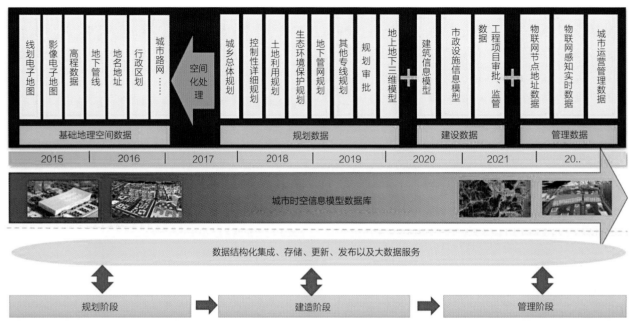

图11-4-3　城市时空信息模型数据库架构图
（来源：作者自绘）

市信息模型和虚拟现实技术，协调规划方案与周边景观，通过多方位视角推演和模拟设计方案，提升方案的科学性（图11-4-4）。

图11-4-4　城市规划管理子平台功能展示
（来源：作者自绘）

3. 城市建设监管子平台

子平台内容包含工程数字化综合监管系统和基于BIM的重大项目监管系统，以城市BIM时空信息平台为基础，建立项目综合监管驾驶舱，并通过城市BIM时空信息平台提供的接口服务，与现有的行业管理系统及项目现场的系统进行集成，实现对建设工程的数字化监管（图11-4-5）。

4. 城市运营管理子平台

通过给地下管网布设传感器等监测设备，子平台实现对排水、给水、燃气、电力等管道涉及的运行状态参数的监测与智能分析，实现污水处理在线监测、水质综合分析评价以及数据查询等，支持与污水处理厂、水务集团、水利水务部门等相关业务系统以及前端各种物联网传感器进行软硬件集成，帮助城市管理者全面掌握地下管网状态（图11-4-6）。

图11-4-5　项目监管综合驾驶舱
（来源：作者自绘）

图11-4-6　城市生命线安全监测与分析
（来源：作者自绘）

第十二章

建设成效

一、山水之城——海滨风貌日益凸显

　　福州滨海新城扎实推进山水林田湖草沙保护修复和系统治理，生态文明建设成效显著。闽江河口湿地正式入选世界遗产预备项目，列入国际重要湿地目录，将努力打造中国湿地保护样板；东湖湿地启动区生态修复工程已修复湿地面积803亩，种植乔灌木1万余株；沿海建设完成23公里、累计乔木81.42万株的多树种、多层次、多功能、多效益的复合基干林带种植补植工作，正在启动内侧第三个100米绿地公园防护林的建设工作；已完工及在建河道长度约15公里，蜿蜒曲折的生态河道形式，形成独具特色的滨水公共空间；劳动者公园、大数据产业园、体育公园等串珠公园陆续建成，逐步实现300米见绿见林。

　　2021年，福州滨海新城岸段入选全国美丽海湾优秀案例，"生态、绿色、清新"已成为了滨海新城重要的标签。

二、开放门户——枢纽功能日臻完善

　　福州滨海新城是福州市建设"海丝"国际枢纽的门户区域。福州长乐国际机场二期有关项目建设持续推进，第二跑道计划2024年底投用、机场综合交通配套工程及进场路正在加紧施工，将建成汇集高铁、地铁、高速公路等的综合性交通枢纽；2022年，松下港区完成货物吞吐量3796万吨，比增26.57%，松下港区一体化建设的完善将进一步助力中国—印度尼西亚经贸创新发展示范园区的发展；东南快速通道顺利通车，地铁6号线开通运营，建成市政道路19公里，国道G316即将建成投用，地铁滨海快线、福州机场第二高速、CBD输配环等项目加快建设。福州都市圈中心的"半小时生活圈"初现雏形，为新城带来新的发展机遇。

三、产业高地——发展动能日趋强劲

　　中国东南大数据产业园累计注册915家企业，注册总资本约659.95亿元。数字中国建设峰会、第三届中国短视频大会等会议活动成功举办；中国工业互联网研究院福建省分院、福建人工智能计算中心、数字中国服务联盟总部落地，福建大数据交易所挂牌运营，移动、电信、联通三大电信运营商以及省电子信息集团等龙头企业接连落子；建成福建省集中度最高、规模最大、标准最高的数据中心。国际航空城域内已集聚279家规上工业企业，27家国家级高新技术企业，9家科技"小巨人"，2家瞪羚企业，1家独角兽企业正汇聚科创动能；全球最大宽幅2.6米的8K超高清偏光片生产线在临空新型显示标准化（国际）园区顺利投产；京东"亚洲一号"、菜鸟网络中国智能骨干网建成投用，福州国际货运枢纽中心、纵腾跨境物流签约落地，区域航空运输、物流功能的完善将进一步助力国家级临空经济示范区的壮大。

四、活力之城——烟火气息日趋浓郁

"人民城市人民建、人民城市为人民"，福州滨海新城有序把握建设节奏，坚持民生设施优先建设，推进优质资源向新区新城布局，福州滨海新城的城市承载能力不断提升。国家区域医疗中心华山附一医院，已开设41个专科门诊，实现复杂疑难手术基本不出省；商务印书馆福州分馆、海峡青少年活动中心、福州市第二工人文化宫开放运营，构建区域文化地标；福州三中滨海校区、福州实验学校、赛德文学校等建成使用，形成了高质量、多元化的基础教育体系；至2022年建成2218套人才住房、提供3021套租赁住房，多渠道保障、租售并举的住房体系初步确立。天津大学福州国际校区（一期）正式启用，福建职教城内院校陆续进驻，增添新城创新活力；闽江河口国家湿地公园获评国家4A级旅游景区、长乐滨海旅游度假区获批省级旅游度假区，注入新城休闲活力。

2017年以来，福州新区滨海新城从阡陌纵横到路网通达，从零星村庄到高楼林立，产业规模、城市面貌日新月异，正加速成为福建省高质量发展的强劲增长极（图12-0-1）。

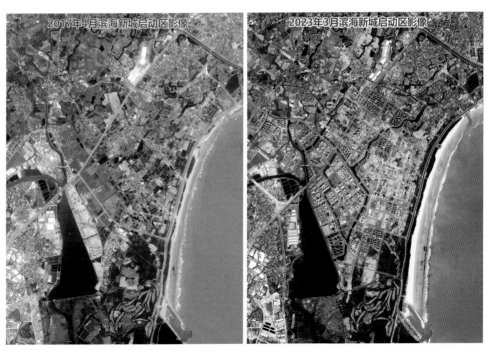

图12-0-1　滨海新城启动区2017年与2023年航拍影像对比图

规划编制清单

序号	规划类型	项目名称	委托单位	编制单位	获奖情况
1	总体规划与分区规划	福州中心城区空间发展规划	福州市城乡规划局	福州市规划设计研究院集团有限公司	
2		福州市空间发展战略规划	福州市城乡规划局	新加坡雅思柏设计事务所设计单位	省优秀规划设计奖三等奖
				福州市规划设计研究院集团有限公司	
3		福州新区总体规划（2015-2030）	福州市城乡规划局	福建省城乡规划设计研究院	省优秀规划设计奖一等奖
				福州市规划设计研究院集团有限公司	
				中国城市规划设计研究院上海分院	
4		福州新区核心区概念规划	福州市长乐区自然资源和规划局	深圳市城市规划设计研究院股份有限公司	
5		福州滨海新城临空经济区分区规划	福州临空经济区管委会	福州市规划设计研究院集团有限公司	
6		长乐松下港片区分区规划	长乐区自然资源和规划局	福州市规划设计研究院集团有限公司	
7		福建省职教城分区规划	福州市长乐区自然资源和规划局	福州市规划设计研究院集团有限公司	
8	生态与城市景观设计专项	福州滨海新城森林城市建设总体规划	福州市林业局	国家林业局城市森林研究中心	省优秀规划设计奖一等奖
				福建农林大学	
				福州市规划设计研究院集团有限公司	
9		福州滨海新城核心区总体城市设计	福州市城乡规划局	美国SOM建筑设计事务所	省优秀规划设计奖一等奖
				福州市规划设计研究院集团有限公司	
10		中国东南大数据产业园城市设计	福州市大数据产业基地开发有限责任公司	深圳市城市规划设计研究院	
				福州市规划设计研究院集团有限公司	

续表

序号	规划类型	项目名称	委托单位	编制单位	获奖情况
11	生态与城市景观设计专项	福州滨海新城下沙片区控制性详细规划和城市设计	福州市自然资源和规划局	福州市规划设计研究院集团有限公司	
12		福州滨海新城临空经济区城市设计	福州临空经济区管理委员会	深圳市城市规划设计研究院	
				福州市规划设计研究院集团有限公司	
13		福州滨海新城职教产业园城市设计	福州市长乐区自然资源和规划局	中国城市规划设计研究院深圳分院	
				福州市规划设计研究院集团有限公司	
14		滨海新城核心区景观风貌专项规划	福州市城乡规划局	福建省建筑设计研究院有限公司	
15		福州滨海新城核心区树种专项规划	福州市园林局	福州市规划设计研究院集团有限公司	
16	公共服务专项规划	福州长乐历史文化挖掘与传承专项规划	福州市文物局	福州市规划设计研究院集团有限公司	省优秀规划设计奖三等奖
17		滨海新城核心区文化设施布局专项规划	福州市文化广电新闻出版局	福州市规划设计研究院集团有限公司	
18		滨海新城核心区教育设施布局专项规划	福州市教育局	福州市规划设计研究院集团有限公司	
19		福州市公共体育专项规划	福州市体育局	福州市规划设计研究院集团有限公司	
20		滨海新城核心区医疗卫生设施布局专项规划	福州市卫生和计划生育委员会	福州市规划设计研究院集团有限公司	
21		滨海新城核心区养老服务设施布局专项规划	福州市城乡规划局	福州市规划设计研究院集团有限公司	
22		滨海新城启动区住房专项规划	福州市住房保障和房产管理局	福州市规划设计研究院集团有限公司	
23		福州滨海新城水上旅游专项规划	福州市城乡规划局	福州市规划设计研究院集团有限公司	

续表

序号	规划类型	项目名称	委托单位	编制单位	获奖情况
24	交通组织专项规划	福州新区核心区（滨海新城）综合交通体系规划	福州新区管委会	中交公路规划设计院有限公司	
				福州市规划设计研究院集团有限公司	
25		福州滨海新城骨架交通研究及总体交通设计	福州市城乡规划局	中国城市规划设计研究院	
				福州市规划设计研究院集团有限公司	
26		福州滨海新城慢行系统（自行车专用路）建设研究	福州市自然资源和规划局	福州市规划设计研究院集团有限公司	
27	市政工程专项规划	福州滨海新城核心区竖向工程专项规划	福州市城乡规划局	福州市规划设计研究院集团有限公司	省优秀规划设计奖三等奖
28		福州滨海新城核心区给水工程专项规划	福州市城乡建设委员会	福州市规划设计研究院集团有限公司	
29		福州滨海新城核心区雨水工程专项规划	福州市城乡建设委员会	福州市规划设计研究院集团有限公司	
30		福州滨海新城核心区污水工程专项规划	福州市城乡建设委员会	福州市规划设计研究院集团有限公司	
31		福州滨海新城核心区温泉供应专项规划	长乐区海蚌湾温泉开发有限公司	福州市规划设计研究院集团有限公司	
32		福州滨海新城核心区电力工程专项规划	国网福建省电力有限公司福州供电公司	福州市规划设计研究院集团有限公司	省优秀规划设计奖二等奖
				中国电建福建省电力勘测设计院有限公司	
33		福州滨海新城核心区通信基础设施专项规划	福州市城乡规划局	福建省邮电规划设计院有限公司	
				福州市规划设计研究院集团有限公司	
34		福州滨海新城核心区充电基础设施专项规划	福州市发展和改革委员会	福建省电力勘测设计院有限公司	
				福州市规划设计研究院集团有限公司	

序号	规划类型	项目名称	委托单位	编制单位	获奖情况
35	市政工程专项规划	福州滨海新城核心区地下管线综合及地下管廊专项规划	福州新区开发投资集团有限公司	福州市规划设计研究院集团有限公司	
36		福州滨海新城核心区燃气工程专项规划	华润（南京）市政设计有限公司	华润（南京）市政设计有限公司	
				福州市规划设计研究院集团有限公司	
37		福州滨海新城核心区环境卫生专项规划	福州市环境卫生管理处	福州市规划设计研究院集团有限公司	
38	城市韧性安全健康专项规划	福州滨海新城核心区抗震防灾专项规划	福州市城乡规划局	北京清华同衡规划设计研究院有限公司	
				福州市规划设计研究院集团有限公司	
39		福州滨海新城核心区人防专项规划	福州市人民防控办公司	北京清华同衡规划设计研究院有限公司	
				福州市规划设计研究院集团有限公司	
40		福州滨海新城核心区消防专项规划	福州市城乡规划局	福州市规划设计研究院集团有限公司	
41		福州滨海新城海绵城市专项规划	福州市城乡规划局	中国市政工程华北设计总院有限公司	
				福州市规划设计研究院集团有限公司	
42		福州滨海新城抗震防灾、人防及健康韧性城市专项规划	福州市长乐区自然资源和规划局	北京清华同衡规划设计研究院有限公司	
				福州市规划设计研究院集团有限公司	
43	组团控制性详细规划	滨海新城核心区东站组团控制性详细规划	福州市城乡规划局	福州市规划设计研究院集团有限公司	
44		滨海新城核心区北部组团控制性详细规划	福州市城乡规划局	福州市规划设计研究院集团有限公司	
45		滨海新城核心区控制性详细规划	福州市城乡规划局	福州市规划设计研究院集团有限公司	

续表

序号	规划类型	项目名称	委托单位	编制单位	获奖情况
46	组团控制性详细规划	滨海新城核心区莲花山组团控制性详细规划	福州市城乡规划局	福州市规划设计研究院集团有限公司	
47		滨海新城核心区CBD南岸组团控制性详细规划	福州市城乡规划局	福州市规划设计研究院集团有限公司	
48		滨海新城核心区东站组团控制性详细规划	福州市城乡规划局	福州市规划设计研究院集团有限公司	
49		福州滨海新城下沙片区控制性详细规划及城市设计	福州市土地发展中心	福州市规划设计研究院集团有限公司	
50		中国东南大数据产业园控制性详细规划	福州市大数据产业基地开发有限公司	福州市规划设计研究院集团有限公司	
51		临空经济区核心区东北组团控制性详细规划	福州市临空经济区管委会	福州市规划设计研究院集团有限公司	
52		临空经济区核心区南部组团控制性详细规划	福州市临空经济区管委会	福州市规划设计研究院集团有限公司	
53		临空经济区核心区西部组团控制性详细规划	福州市临空经济区管委会	福州市规划设计研究院集团有限公司	
54		临空经济区核心区中部组团控制性详细规划	福州市临空经济区管委会	福州市规划设计研究院集团有限公司	
55	智慧管控专项规划导则	福州滨海新城核心区智慧城市专项规划	福州市"智慧福州"管理服务中心	北京清华同衡规划设计研究院有限公司 / 福州市规划设计研究院集团有限公司	2021年度中国优秀城市规划设计奖
56		福州滨海新城核心区地下空间专项规划	福州市城乡规划局	北京清华同衡规划设计研究院有限公司 / 福州市规划设计研究院集团有限公司	
57		滨海新城商业用地布局与管理专项规划	福州市长乐区自然资源和规划局	福州市规划设计研究院集团有限公司	

续表

序号	规划类型	项目名称	委托单位	编制单位	获奖情况
58	智慧管控专项规划导则	福州滨海新城建（构）筑物防台风技术导则	福州市城乡建设委员会	福州市规划设计研究院集团有限公司	
59		滨海新城道路命名专项规划	福州市长乐区民政局	福州市规划设计研究院集团有限公司	
60		福州（长乐）国际航空城概念规划	福州临空经济区管理委员会	福州市规划设计研究院集团有限公司	
61		福州滨海新城旅游总体规划	长乐区自然资源和规划局、文化体育和旅游局	福州市规划设计研究院集团有限公司	
62		福州长乐滨海国家级旅游度假区总体规划	福州新区开发投资集团有限公司	福州市规划设计研究院集团有限公司	

参考文献

[1] 王建国. 城市设计 [M]. 南京：东南大学出版社，1999.

[2] 王坚. 发挥闽都文化作用，服务滨海新城开发建设——基于"五区叠加"背景下的闽都文化研究 [J]. 闽江学院学报，2018，39（01）：18-24.

[3] 伊萍，游友基. 以社会主义核心价值观指引闽都传统文化的发展 [J]. 福建省社会主义学院学报，2015（05）：7-11.

[4] 刘康宁. 基于HUL理念的历史城市保护与复兴方法探讨——以吴航古城为例 [M]//中国城市规划学会，成都市人民政府. 面向高质量发展的空间治理——2020中国城市规划年会论文集（07城市设计）. 北京：中国建筑工业出版社，2021：1080-1089.

[5] 廖志强，刘晟，奚东帆. 上海建设国际文化大都市的"文化+"战略规划研究 [J]. 城市规划学刊，2017，No.239（S1）：94-100.

[6] 庞春雨，刘晓书. 改革开放40年城乡规划和城市文化发展的回顾与展望 [J]. 规划师，2018，34（10）：32-37.

[7] 王树声，石楠，张松等. 城乡规划建设与文化传承 [J]. 城市规划，2020，44（01）：105-111.

[8] 张松，包亚明，黄鹤等. 城市文化：如何共享？如何规划？ [J]. 城市规划，2019，43（05）：48-52.

[9] 林侃. 长乐：文化涵养城市精气神 [N]. 福建日报，2009-12-30（003）.

[10] 福州市社科院课题组，管宁，余作尧，张兰英，丁琼，潘冬东，朱剑修. 福州新区文化发展战略研究 [J]. 学术评论，2015（03）：119-125.

[11] 张锦秋. 和谐共生的探索——西安城市文化复兴中的规划设计 [J]. 城市规划，2011，35（11）：19-22.

[12] 李晓江. 关于城市长期健康发展的思考 [J]. 建筑实践，2020（07）：6-15.

[13] 许乃星，陈亮. 自行车专用路系统建设研究与实践 [J]. 交通运输工程与信息学报，2020，18（4）：130-137.

"福州的优势在于江海，福州的出路在于江海，福州的希望在于江海，福州的发展也在于江海"。20世纪90年代，时任福州市委书记的习近平同志亲自谋划制定"3820"工程，提出建设闽江口金三角经济圈、海上福州、现代化国际城市等发展战略，为福州跨世纪发展指明了方向。

2015年8月，国务院批复设立福州新区，成为全国第十四个国家级新区。紧紧围绕国家赋予的"三区一门户一基地"定位，2017年，福州市全面推进福州新区滨海新城建设。

滨海新城是生态之城

"莺飞草长两湿地，三山环抱一面海"。25公里长的绵延沙滩；35公里长、300米宽的沿海防护林；24平方公里的闽江河口国家湿地保护区；6平方公里水面、9平方公里陆域的东湖湿地公园，海蚌自然保护区，呈现出渔鸥翔集的美丽海湾；首石山、董奉山、南阳山；河网、绿道、串珠公园，构成了"山水林田湖草"生命共同体，展现出生机勃勃的美丽画卷。

滨海新城是开放之城

建设长乐国际机场综合交通枢纽和松下国际港口，打造海丝枢纽城市的开放门户；高水平建设中印尼经贸创新发展示范园区、临空经济示范区、自由贸易试验区，打造"一带一路"对外贸易窗口；建成国家级互联网骨干直联点、"海峡光缆一号"，打造"数字丝路"枢纽节点；不断提升数字中国建设峰会影响力，加快建设面向全球的数字服务出口基地，汇聚全球数据资源。

引进天津大学等教育资源，建设国际合作办学和科教交流平台。布局国家骨干冷链物流基地等重大设施，建成中国最大的食品食材进出口集散交易中心。

对接国际机构，对标高标准国际经贸规则，探索国际分工合作模式，打造与东盟国家经贸合作交流新高地，引领更高能级的对外开放。

滨海新城是创新之城

坚持以创新为引领，构建以数字经济、新材料新能源、新型显示、粮储与食品、生物医药健康、文旅产业为主导的现代产业体系。

深化数字经济创新发展试验区建设，重点发展以云计算、大数据、人工智能为代表的新一代信息技术产业；依托福州新区国际医疗综合实验区建设，推动生物医药健康产业政策先行先试；强创新、重研发，引进清华—福州数据技术研究院、全球食物地图研究院等"大院大所"，打造科技创新高地；落地中国移动、电信、联通东南研究院等企业创新平台和福建省超算中心等公共技术服务平台，加快工业互联网创新发展，促进创新能力建设，引导产业集聚、协同发展。

滨海新城是宜居之城

贯彻落实"人民城市人民建、人民城市为人民"理念，完善公共服务体系，推动教育、医疗、商业、文旅等资源高水平发展，打造15分钟宜居生活圈。

国家区域医疗中心、海峡青少年活动中心等优质配套投入使用，福州三中、赛德伯双语学校等教育项目相继建成，职教城建设全面推进。

福平铁路、三条城际铁路、地铁六号线等轨道线路，机场高速、京台高速等高速路网构成了新城的对外交通体系，打造与主城区的半小时通勤圈。

按照"小街区、密路网"的理念规划内部交通，提高通勤效率；建设75公里长的自行车专用道，倡导绿色出行。

建立健全多主体供给、多渠道保障、租购并举的住房体系，安置房、租赁房、人才房等相继投入使用。

构建健康、安全的城市空间，建设高水平的城市安全防灾体系，打造自适应、可恢复的韧性城市。

江海兴，福州兴。福州新区滨海新城正遵循着习总书记"希望继续把这座海滨城市、山水城市建设得更加美好，更好造福人民群众"的殷切嘱托，精心谱写着人海和谐、山环水抱、产城共荣的福州城市建设新篇章。

本书各章节编写主要人员分别是：第一章魏樊；第二章张晔、查伟、汪波、林超、邹倩；第三章邹倩、汪博文；第四章吴恒、陈智睿、查伟、邹倩；第五章严为洁、薛姣龙、易雨婕；第六章邹倩、林超、王莹、汪博文、张晔、王盛威、蓝思琪；第七章叶涛、许乃星、邹倩；第八章林渊、黄宁海、林雨竹、游龙、黄志心、汪博文、邹倩；第九章万汉斌、汪波、吴恒、邹倩、汪波；第十章邹倩、简华荣、林超、郑彧；第十一章王飞飞、汪波、汪艳霞；第十二章陈智睿。

特别鸣谢

福州市自然资源和规划局（原福州市城乡规划局）

福州城乡建设委员会

福州市林业局

福州市园林局

福州市文物局

福州市教育局

福州市体育局

福州市住房保障和房产管理局

福州文化广电新闻出版局

福州市土地发展中心

福州临空经济区管理委员会

长乐区自然资源和规划局

长乐区文化体育和旅游局

福建省邮电规划设计院有限公司

福州市人民防控办公司

国网福建省电力有限公司福州供电公司

福州市大数据产业基地开发有限公司

福州市"智慧福州"管理服务中心

福州临空经济区开发建设有限公司

福州新区开发投资集团有限公司

长乐区海蚌湾温泉开发有限公司

华润（南京）市政设计有限公司